技术创业理论与实践

主 编 王晓进 唐 虎

参 编 卢丽君 陈小圻 叶 芳

　　　　周 弢 石 军

北京理工大学出版社
BEIJING INSTITUTE OF TECHNOLOGY PRESS

内 容 简 介

本书为创新创业通识读本,以技术创业相关理论知识和大学生发明的作品为主要内容,发掘生活中的灵感,并进行实例解剖、点评、分析、引导,旨在向大中专学生,国企、私企员工,工程技术人员,发明爱好者介绍创新灵感发掘、捕捉的方法,拓展思路,引导大中专学生、发明爱好者学会用创新的方法去解决学习和生活中的问题,提高其创新创业的能力。有的学生可能会先就业再创业,故本书也讲了职场的相关知识,扩大学生知识面。

本书中列举的实例多为原创作品(其中一部分实例的素材由学生本人提供),主要目的是拓展读者的创新思路。书中的发明作品实例都已申请专利,请再创作者避免抄袭。

版权专有 侵权必究

图书在版编目(CIP)数据

技术创业理论与实践 / 王晓进,唐虎主编. —北京:北京理工大学出版社,2021.1

ISBN 978-7-5682-9480-5

Ⅰ. ①技… Ⅱ. ①王… ②唐… Ⅲ. ①高技术企业-企业管理 Ⅳ. ①F276.44

中国版本图书馆 CIP 数据核字(2021)第 018070 号

出版发行 / 北京理工大学出版社有限责任公司
社　　址 / 北京市海淀区中关村南大街 5 号
邮　　编 / 100081
电　　话 / (010) 68914775(总编室)
　　　　　 (010) 82562903(教材售后服务热线)
　　　　　 (010) 68948351(其他图书服务热线)
网　　址 / http://www.bitpress.com.cn
经　　销 / 全国各地新华书店
印　　刷 / 唐山富达印务有限公司
开　　本 / 710 毫米×1000 毫米　1/16
印　　张 / 13.25　　　　　　　　　　　　　责任编辑 / 朱　婧
字　　数 / 224 千字　　　　　　　　　　　　文案编辑 / 赵　轩
版　　次 / 2021 年 1 月第 1 版　2021 年 1 月第 1 次印刷　　责任校对 / 刘亚男
定　　价 / 39.80 元　　　　　　　　　　　　责任印制 / 李志强

中国四十多年走完了两个发展阶段

哈佛大学商学院教授波特（Michael E. Porter）在其代表作《国家竞争优势》（*The Competitive Advantage of Nations*）中提出，后发国家参与国际竞争有四个阶段，我国改革开放四十多年走完了两个发展阶段。

第一个发展阶段为要素驱动。要素就是产业资源，如先天拥有的自然资源和地理位置等初级要素，人力资源、自然资源等生产要素，以及通过社会、个人投资而发展的高级要素，包括知识、资本、基础设施。高级要素远比初级要素重要。20 世纪 80 年代末期，我国开始对外开放，当时人均月工资 400 元左右，农民一年只有 600 元~700 元收入，主要出口原材料、初级产品和劳动力。利用生产要素和政府政策，20 世纪 90 年代开始建设开发区，充分利用廉价的原材料、劳动力和土地。

第二个发展阶段为投资驱动。政府出面大力开展招商引资，引进世界 500 强，推动现代化建设，包括基础设施建设。

过去 40 多年，我国经济增长长期依赖要素驱动，资源过度消耗、环境严重污染，出现出口萎缩、投资疲软、消费下降，GDP 两位数持续增长难以为继。基本上走完了以上两个阶段。

进入了第三个发展阶段

如果现在通过政府政策调节来建设新的技术开发区，已经晚了，外资来不了。由于市场变化，企业越来越依赖于科技、创新驱动，跨界发展，企业开始大洗牌；

处于大变革前夜，资源整合，团队合作，大量个体经营将消失。原世界500强企业之一的柯达，在1991年技术还领先同行10年，2012年1月申请破产；当索尼还沉浸在数码领先的喜悦中，突然发现卖得最好的是兼具照相功能的诺基亚手机；苹果又使得诺基亚没有还手之力，于2013年9月被微软收购；淘宝电子商务2012年销量一万亿，迫使苏宁、国美这些传统零售巨头不得不转型，马云"菜鸟"行动成功，24小时内全国到货的梦想已经实现。

这是一个创新驱动、跨界的时代，每一个行业都在整合、交叉、渗透，如果原来一直获利的产品或行业，在竞争者手里变成一种免费的增值服务，就会失去竞争力。这标志着我国的经济发展进入了第三个发展阶段，即创新驱动阶段。经济发展必须另觅新路，更多依靠人力资本集约投入、科技创新拉动，迈向质量提升型的新阶段。

凡是能够进入创新驱动的后发国家或者地区，其经济都上升了。韩国上升靠信息产业，三星异军突起，带动了韩国整个产业。三星成功开发了手机、电视机、计算机三机合一的新产品，提升了竞争力，成为当时的行业领先企业。中国台湾，原来生产折叠式伞，20世纪70年代开始产业转型，大量集中生产半导体晶体圆片，晶体圆片供应全世界，现在占全世界的2/3晶体圆片市场。这些成功全都来自创新、创造与发明，来自高科技！其实，一切高科技（产品）几乎都是数字技术在芯片（硅片或光片）上的固化。

科学技术创造创新与发明

创新、创造与发明的概念，有所区别，学术界众说纷纭，至今无法取得一致的看法。个人认为：科学的目的是认识世界，方法是创造，成果主要是新知识，是将财富转换成知识；技术的目的是改造世界，方法是发明，成果主要是新产品，是将知识转换成产品；经济的目的是富裕世界，方法是创新，成果主要是新财富，是将产品转换成财富。

公认的是，创新、创造与发明都强调首创，即独一无二；强调新颖，即与众不同；强调高进，即高升进步。创新是一种经济概念，是一种经济发展观，内涵是高度重视技术变革在经济发展中的作用；它是经济和科技，甚至包括教育、文化等的有机结合，而不是一个纯粹科技范畴内的概念。

点评分析引导、启迪智慧灵感

武汉发明协会成立25年来，作为社会公益活动，以"发明源自生活、创新成就未来"为主题；以营造全民创新氛围，鼓励民间发明创新活动，发掘源于生活、

高于生活、应用于生活的发明创造，促进发明成果服务于百姓为宗旨；精心组织
热爱发明、致力于发明的社会各界人士积极参与创新，积极倡导广大市民充分发扬
"敢为人先、追求卓越"的武汉精神。感谢王晓进等编著者精心收集案例、点评分
析引导、启迪智慧灵感，编成这本通识课本，引导人们以发明创新为生活方式，
从身边小事做起，不断提升自身生活的幸福指数。

希望本书的出版能使更多人积极参与创新、创造与发明，成为发明创新大赛
的优胜者，获得各种专利，为武汉、为国家的发明创造和创新，为国家经济持续
发展，为提高科学技术文明和道德文化，不断作出新贡献！

郭友中

　　创新创业是一个民族生存之本，而全民拥有创新创业意识是提升全民创新创业意识的土壤和基础。创新创业不是单一的口号，更不是唯一的形式，而是实实在在的行动和成果。创新创业不拘于形式，需要从培养、策划、训练、实践、摸索、提升中培养并增强自身的综合能力。

　　本书为创新创业能力培训教材，共分7章阐述创新创业的方法、发明技巧和职业相关内容。

　　第1章内容为创业，主要阐述创业的基本含义、基本形式、基本条件及意义等内容，列举实例分析创新促进创业的道理。

　　第2章内容为创业项目与创业方法，主要阐述创业项目与创业方法、适合创业的方法与形式等内容。举例分析和讲解创新创业的方法、原则及技巧。

　　第3章内容为创新创业，主要阐述企业创新的内容和意义、企业要鼓励员工创新、员工爱岗敬业的重要性，与创新企业相关的国家政策，以及创新与创业的关系、创业所需态度等，并列举了相关实例。

　　第4章内容为创业者如何做管理者，主要阐述CEO的基本含义，管理者的基本工作，管理者用人原则等，列举实例分析、讲解创新促进创业的原则。

　　第5章内容为大学生择业与创业，主要阐述大学生择业观与择业原则、择业的小技巧、大学生创业项目的选择等内容。

　　第6章内容为职业概述，主要阐述职业分类及行业划分，职业的时代变化、职业与收入、职业发展潜力等，并列举相关实例。

　　第7章内容为职业道德与职业规则，主要阐述职业道德与企业生存发展的关系，职场法则、职场礼仪等，帮助先就业再创业的同学顺利进入职场。

本书为提高读者的创新创业能力，在每个实例后都有点评内容，意在送"点子"、牵"绳子"、开"思路"，意在让每一位同学都有所悟、有所思、有所成。

创新创业的能力和创新创业意识的提升是一个长期学习和训练的过程，我们虽生活在不同的城市、不同的行业、不同的单位，但所承受压力却是一样的，只有在工作、学习、生活中有目标、有追求，日积月累地学习和实践，才终会成为有用之人。希望读者能有所启发，创新创业，终成人杰。

本书第 1 章由叶芳编写，第 2 章由周弢编写，第 3 章的部分内容由石军编写，其他章节的编写工作由王晓进教授完成；陈小圻负责统稿、审稿工作。

编　者

2020 年 10 月

目　录

创　业

1.1　创业概述

1.1.1　创业的含义

"创"是一种革新，是无中生有，是对原有产品的改变和提升；"业"在生活中可以理解为家业、产业、事业。创业是指人们以生活或生存为动因而实施变革的一种行为。创业包含知识的再学习、人脉的构建、团队的构建、社会关系共建等一系列要素。

创业是创业者通过自身努力对能够拥有的资源进行运作、优化、整合，从而创造出更大经济或社会价值的劳动过程。

创业是一种需要创业者组织参与经营管理、对外服务、技术运用、器物作业的策划、思考、推理、选择和判断的行为决策。

创业是一场无硝烟的战争，也是一场斗智斗勇的较量。无数创业成功者的经历证明，在成功背后，不知度过多少个不眠之夜。

人们将创业理解为单一的做生意、赚钱。其实，创业是一个生活过程，它不仅需要相关的知识、经验和教训，更需要了解社会发展趋势，具有适应社会变化的能力等。

怎样学习、了解、掌握、运用人际关系？怎样运用手中权力？怎样去与别人合作？怎样处理成功后的激情、失败之后的心态？饱受挫折、痛苦、失望、无奈时如何面对家人？如何肩负起符合社会发展而回报社会的责任？都是需要创业者考虑的问题。

创业是一个发现和捕获商机的过程，是抓住机会并由此创造出新颖的产品、服务或实现其潜在价值的过程，创业者必须贡献出时间、付出努力，承担相应的财产和社会风险，并获得金钱的回报、个人的满足。具体而言，创业具有以下特征。

（1）创业是创造出某种有价值的新事物的过程。

（2）创业需要贡献必要的时间，付出极大的努力。

（3）创业需承担必然的风险。

（4）创业可通过市场而获得报酬、独立自主、个人满足。

（5）创业是受社会、家庭、环境、生存压力等多重因素综合作用的行为选择。

1.1.2 创业中成功、挑战与机会并存

1. 创业是挑战与拼搏

创业有挑战，也存在成败。敢于拼搏，敢于实践，这才叫拼搏，这才叫人生。

有人认为，创业须具备很多要素，如欲望、忍耐、眼界、敏感、人脉、谋略、胆量、与他人分享、自我反思等，把创业说得难上加难，高不可攀。其实，创业存在着许多人为误区。

如果将创业比作战场，有危险也必然有机会，有挑战也必然有胜出的可能。不惧失败、勇于挑战，创造机会争取成功，才是当今青年的个性特点和优势所在。

2. 创业之路充满曲折

美国通用电气公司沃特说："通向成功的路是把你失败的次数增加一倍。"但失败对人而言毕竟是一种负面刺激，总会使人产生不愉快、沮丧、自卑的心理。要战胜挫折感，就要善于挖掘、利用自身的资源优势，敢于尝试失败，勇于拼搏，无论什么时候都不气馁、不自卑，有坚韧不拔、不达目的决不放弃的意志和决心。有了这些品格，就会挣脱困境的束缚，迎来光明的前景。

★案例赏析

德田虎雄的成才之路

日本有一个医生叫德田虎雄，出生于一个普通的农民家庭。在他小时候，有一天深夜3点，他的弟弟突然生病，于是他急忙出去请医生。可是，不管他怎样苦

苦哀求，医生都不肯出诊。他只好又去请另一个医生，可那个医生过了中午才来，那时弟弟已经断气了。

从此，德田虎雄立志要当一名医生，且无论何时何地，不管穷人还是富人他都会一视同仁。

德田虎雄将当医生作为他的梦想、他的追求，但他却遇到了难题，原因是考医学院很难。中学毕业后他把目标对准大阪医学院，但同届应考这所学校的应届同学有450人，要想考取必须得前几名才有可能。

德田虎雄积极备考，结果考了第161名，他落榜了，但德田虎雄没有被落榜吓倒，反而决定再考。

回到家，他想说服父亲支持他的决定，但父亲十分为难，本不宽裕的家庭很难支撑德田虎雄再考。德田虎雄竭力劝父亲同意再考，最终父亲发话：一个男子汉说话算话，既然立志考取大阪医学院，那考不上大阪医学院，你就不要再回来！

德田虎雄已无退路，对父亲说："只要豁出命去干，就没有做不成的事。"并在书籍首页上写下"生死搏斗"四个大字，并决心为实现这个目标而付出百倍努力！

每天他比别人起得早，晚上比别人睡得晚。不懈努力的他最终实现了考入大阪医学院的愿望，后来成为日本有名的医生。

【点评】

这个故事告诉我们，要想取得成功必须有"生死搏斗"的精神，以及勇敢面对失败的心态。只有那些不畏惧失败和挫折、化失败为动力并能够在战胜困难和不幸中锤炼意志的人，才会有所作为，成就一番事业。

孟子曰："故天将降大任于斯人也，必先苦其心志，劳其筋骨，饿其体肤，空乏其身，行拂乱其所为。"在成功的道路上，人们随时会碰到事业上的挫折和失败，以及生活中的困难和不幸。

人生路上，不如意之事十之八九，一帆风顺者少，曲折坎坷者多，成功是由无数次失败构成的。在追求成功的过程中，必须正确面对失败，而乐观和自我超越是战胜自卑、走向自信的关键。

3. 创业者是人生舞台的表演者

大学生创业一直是备受社会各界密切关注的热门话题。同学们要树立正确的人生观，学会适用的创业方法，增强适应社会、融入社会的能力。

每个人度过大学生涯的方式都不相同，但是相比之下，兼职、实习、实践能让学生积累社会经验，提前成长。选择创业的学生，在走出象牙塔之前，将创业当作一种磨炼自己的方式，用自己对未来充满激情的生活态度，提前为以后的社会生活打下了基础。

随着近几十年来中国经济的高速发展，商业环境不断完善，更多的人开始将创业作为自己的生活方式。最近一段时间以来，有关部门不断出台措施，鼓励大学生群体创业，甚至将此视为解决就业问题的重要途径，这引起了各界的激烈争论。究竟什么样的人适合创业？创业者需要具备哪些素质？是否可以通过学校教育培养出合格的创业者？对于这些问题，几乎每个人都有自己的说法。"创业家是练出来的，不是学出来的。"慧聪集团董事局主席郭凡生认为，一个没有创业成功经历的教授教不出真正的创业家，商学院只能培养职业经理人。有着成功创业经历的南洋理工大学教授陈丁琦认为，不但创业理论和技能可以学习，真正的创业精神也需要学习并且可以学习。

1.1.3   大学生创业的意义

创业的意义就在于，通过自身努力实现自己的梦想。创业是一个社会的公共平台，也是一个公正的同台竞争的场所。创业还是一个创业者所学知识及技能的验证过程。大学生创业群体主要由在校大学生和毕业生所组成。大学生创业具有自主性强、择业路宽、盲从者多、成功者少的特点。

1. 创业是就业的一种基本表现形式

创业者不是被动地等待他人给自己就业机会，而是主动地为自己或他人创造就业机会。大学生创业不仅可以提高自身的实践能力，更能提高创新意识和创新精神。

目前，我国提倡和鼓励大学生自主创业，并为此出台了一系列包括工商、税务等方面的优惠政策。

2. 创业能实现就业渠道多元化

提倡大学生创业，除了创业是就业的一条途径外，更重要的是引导大学生培养敢于开拓的精神。面对我国劳动力总量供大于求的现实，要实现充分、合理就业，降低失业率，除了应继续保持较快的经济发展速度，提供更多的职业岗位，并大力发展职业教育与培训，向已有的职业岗位输送合格的劳动者外，还应大力提倡自主创业，为社会创造更多的就业岗位。

1.1.4   大学生创业的优势

在校大学生有相对完善的基础知识和人格。大学生是最具创新精神的人群之一，可以积极准备，增强自身知识及动手能力，培养科学精神。

大学生往往对未来充满希望，有着蓬勃的朝气。大学校园内资源整合的优势明显，可以通过运用 IT 技术，在互联网络上搜寻到许多信息。

可以将兴趣和工作结合。一个人只有对一件事真正感兴趣的时候，才能够全身心投入，做到最好。所以愿意创业的人，应该选择自己喜欢并能做好的事情，把兴趣和工作结合起来，让自己成为一个快乐的创业者。

1.1.5　创业与国情

如今，中国正在掀起第四次创业潮。创业随社会演化而形态多变，创业者从个体户到合伙人，从小商贩到创客再到创业者。大众创业潮将推动产业从劳动力密集型向技术、资本密集型升级，值得期待和追寻。

1. 1949 年以来中国历史上的创业潮

（1）民众创业——个体户（1979—1989 年）。个体户在最初并不是一个褒义词。中国实行改革开放之初，为了提高生产效率，提出"开放搞活、发展经济"，1979 年 2 月，中共中央、国务院批转了第一个有关发展个体经济的报告，"各地可根据市场需要，在取得有关业务主管部门同意后，批准一些有正式户口的闲散劳动力从事修理、服务和手工业者个体劳动"。

（2）下海潮——扔掉"铁饭碗"（1992—1997 年）。自个体经济为人们打开新天地后，市场经济迅速发展。一部分职工员工在保留原职的基础上去经商，可异地工作，这就是打破"铁饭碗"，下海经商的浪潮，被称为"改革开放的第二次浪潮"。这一代的创业者中，诞生了俞敏洪、郭广昌、王传福等后来的业界领袖人物，而他们所领导的企业，也逐渐成为奠定中国经济竞争力的基石。

（3）浪潮之巅——互联网袭来（1997—2000 年）。经济体制的改变，让人们解决了生存问题；而科技的发展，却改变了生活方式。中国的互联网元年在 1997 年开启。中国互联网络信息中心（CNNIC）曾在 1997 年 1 月发布第一次《中国互联网络发展状况统计报告》，报告指出，全国共有上网计算机 29.9 万台，上网用户数 62 万。

1997 年 1 月，美国麻省理工学院的博士生张朝阳创办了爱特信 ITC 网站，次年 2 月，他在中国参照雅虎，推出中文网页目录搜索的软件，名叫"搜狐"。同年 6 月，26 岁的丁磊设想网民们应有自己的信箱，于是在广州创办网易公司，写出了第一个中文个人主页服务系统和免费邮箱系统。软件工程师王志东领导的四通利方获得第一笔风投，该网站体育论坛因帖子《大连金州没有眼泪》而备受关注；

次年，四通利方开通新闻频道，并收购北美网站华渊资讯网，网站更名为"新浪网"。1998 年，马化腾成立了深圳市腾讯计算机系统有限公司，那时 QQ 默默无名。1998 年，雅虎进军中国，成为此后连续两年的网民网页首选。1999 年，马云在经历两次创业失败后，确定要成立一家为中国中小企业服务的电子商务公司，域名就叫阿里巴巴。1999 年，邢明把赚来的钱投资在 3 个网站项目上，其中一个叫"天涯社区"。尽管经历了 2000 年的"互联网泡沫"，互联网时代的步伐并未减缓。百度、腾讯、阿里巴巴正是在这一时期迅速崛起，成为中国新兴经济的代表。而其所代表的互联网，将在未来以颠覆一切的形象，改变整个中国的经济结构。

（4）大众创业——新时代的个体崛起（2014 年至今）。新时代的个体崛起，网店、网播、视频、动画、动漫、抖音、创客、代培、代训、中介等新形态纷纷出现，这被称为"改革开放的第四次浪潮"。

随着社会的进步，创业的方向、方法也会随之调整，人工智能、智能家居、智慧城市、机器人、无人机、电控电驱、远程监控、无人管理、新能源、深海探测等将是创新创业的新领域。

2. 制约创业活动的因素

制约创业活动的因素多种多样，但创业环境无疑是最重要的。概括起来，我国的创业环境存在着以下几方面的问题。

（1）创业成本抑制了大众创业的热情。近年来，我国政府在降低创业成本方面出台了不少政策，包括改革公司注册资本登记制度，降低准入门槛，对新创企业进行税收减免等。即便如此，创业成本也是创业者面临的问题。值得注意的是，与创业成本居高不下形成鲜明对比的是，创业企业的初始收益大多很少甚至没有，面临的生存风险十分大。有关调查显示，目前我国的创业成功率总体较低，真正能够创办成功的企业不及 10%，一年后仍能生存下来的又不及 10%。

（2）对创业法制环境的不了解加大了创业的风险。市场经济是法制经济，创业者在创业及初创企业的运营过程中将遇到大量的法律相关问题，使得创业者对创业前景心怀疑虑。还有一些初创企业陷入领导权和分配权的内耗和法律纠纷中，导致"出师未捷身先死"。

（3）创业教育不足，导致创业意识和创业人才缺乏。从 1997 年开始，我国高等院校逐渐开始从应试教育向素质教育转变，创业教育在我国高校已开展了二十多年，但总的来讲，我国高校的创业教育仍处于初级阶段，大部分学校缺乏对创业教育的理性认识。

1.1.6 通过创意实现创业梦想

我们生在一个科技飞速发展的时代，当各种伟大的梦想逐渐变成现实，而且能彻底改变我们生活与思想的时候，你可否有那么一刻燃起创业的梦想？

不是人人都是乔布斯，可是每个人渴望在这个辉煌的时代留下印记！

当今，在中国许多地方建有步行街、创业街，同时也有新鲜奇特的创意店铺，如公仔店、魔术玩具店，以及专营户外装备、特色书籍、古玩字画、宠物用品等的创意小店，还有个性独特的定制店、DIY 体验店，如服装定制店、工艺品定制店、DIY 玩具店等。这些店主用创意换来资本的青睐，从而实现自己的创业梦想。创意无所不在，只是需要用心去寻找。创意的寻找方法有以下几种。

1. 向别人借创意

20 世纪 50 年代，美国速食业者在门市加设汽车可驶入的通道，不久后，银行、干洗店也都开始效仿。到今天，各行各业都有人使用"汽车驶入通道"的概念，如停车场、停车免费洗衣、汽车旅馆等。

你可列出三个品牌，探究它们解决问题获得成功的方法，然后从中找出可以"借用"的点子，弥补存在的不足，使自身产品更具特色。

2. 向大师借镜

爱迪生、爱因斯坦、毕加索等"创新大师"，哪些令你感到敬佩？可列出你欣赏的大师级人物，深入探索他们的一生，看看有没有可以借鉴的地方。如，乔布斯将笔记本电脑小型化便诞生了手机，但手机易丢失，你可发明"不惧丢失的手机"（如皮带扣式的微型手机、发卡饰物式的女性手机）。

3. 欣赏"模仿"的电影

有些设计师会从电影中得到灵感。美国精品家具设计大师大卫•狄马泰伊就是从电影的布景中得到灵感，进而设计出五款热卖的软垫床头板。

有空的话，去看场电影或戏剧表演，到演奏厅、运动场或主题游乐园走走，或许有意想不到的收获。

4. 参考其他行业的做法

像铝箔纸这么平常的东西，能有什么创新的包装设计呢？美国设计师马克奈尔用他和朋友到一家日本牛排馆用餐的经验，为这项平淡无奇的产品注入新生命。

5. 细心观察，随时做笔记

好点子是稍纵即逝的，所以，把握任何一个闪过你脑海的想法、画面，随时将这些想法写下来。达·芬奇就是历史上爱做笔记的名人之一。

6. 从过去找寻灵感

许多流行的题材和元素一再重复出现，即所谓的复古。你大可从历史中寻找新点子。你可以探索一下过去的时尚流行趋势，找出一些已经被众人遗忘的风格和款式。

7. 从垃圾堆里找灵感

这个听来突兀的建议其实有其道理，许多利用"资源回收"概念衍生的设计作品就是例证。

玛莎·史都华家居生活公司的艺术总监 Kristy Moore，在他的办公室里堆满了各式各样的小肥皂，这些不起眼的小东西，激发了她对于包装、色彩、文字和图案的创意。

8. 创意就在你身边

有时候，你需要往外跑，寻找创意来源。可是，偶尔你也应该停下脚步，从生活周遭酝酿可能的创新概念。

意大利设计师 Antonio Citterio 有一晚和家人窝在家里看电影时，突然发现他们一家四口并排而坐的样子，就像飞机的座位安排。为了营造出更有人情味的感觉，他设计出一款半圆形的沙发。

创意可以来自本身的灵感，也可以向历史、大师、同业或不同领域的人借鉴。最重要的是，你是否能随时保持敏锐的观察力，而且在灵光乍现的时候及时捕捉到，而不是让点子一闪而逝。

理论界与实践界一直在试图回答：为什么是有些人而不是另外的人看到一个机会？这些看到了机会的创业者有什么独特之处？普遍而言，下面的几个因素，被认为是这些人具备的共同特征。

第一是先前经验。在特定产业中的先前经验有助于创业者识别机会。调查发现，70% 左右的创业机会，其实是在复制或修改以前的想法或创意，而不是发现全新的创业机会。

第二是专业知识。在某个领域拥有更多专业知识的人，比其他人对该领域内的机会更具警觉性与敏感性。例如，一位计算机工程师比一位律师对计算机产业内的机会和需求更警觉与敏感。

第三是社会关系网络。个人社会关系网络的深度和广度影响着机会识别，通常情况下，建立了大量社会与专家联系网络的人，比只有少量网络的人容易得到机会。

第四是创造性。从某种程度上讲，机会识别实际上是一个创造过程，是不断反复的创造性思维过程。在许多产品、服务和业务的形成过程中，甚至在许多有趣的商业传奇故事中，我们都能看到创造性思维的影子。尽管上述特征并不一定能促使创业成功，但具备了这些特征，往往较其他创业者有更多优势，也更容易获得成功。

1.1.7　创意与机会

创业如战场，比的是先机。谁先看准市场走向，谁就可抢占先机、赢得胜利。因此，创业争的是思想，比的是创新。

1. 先有创意才有商机和机会

创业因机会而存在，而机会具有时间性短的特点。机会具有很强的时效性，甚至转瞬即逝，一旦被别人把握住也就不存在了。而机会总是随社会发展而存在的，一种需求得到满足，另一种需求又会产生；一个机会消失了，另一类机会又会产生。

大多数机会不容易捕捉，需要细心发现和耐心挖掘。

需要注意的是，创意与点子不同，创意具有创业指向，进行创业的人在产生创意后，会很快甚至同时把创意发展为可以在市场上进行检验的商业概念；点子仅仅只是某个经过思考或不经意间产生的想法。

商业概念既体现了创业者试图解决的问题，还体现了解决问题所带来的顾客利益和获取利益所采取的手段。

另外，有潜力的创意还必须具备对用户的价值与对创业者的价值。

创意的项目价值特征是根本，好的创意要能给消费者带来真正的价值，创意的项目价值要靠市场去检验。同时，好的创业项目必须给创业者带来价值收益，这是创业者创业动机产生的先决前提。

2. 通过市场测试来判断创意的项目成功概率

创业者对创意的项目价值机会的评价来自他们的初始判断，而初始判断通常是假设加简单计算，缺乏对市场经济的细节调研。

创业者容易犯的错误是，自己认为好的，就一厢情愿地断定顾客也认为好。如何确定顾客的偏好，通常可以采用市场测试的方法，将产品或服务拿到真实的市场中进行检验。市场测试可以说是一种比较特殊的市场调查，是创业者的必修课程。

1.2 创业的形式和条件

1.2.1 创业的基本形式

1. 网络创业

利用现成的网络资源,网络创业主要有两种形式:网上开店,即在网上注册成立网络商店;网上加盟,即以某个电子商务网站门店的形式经营,直接利用母体网站的货源和销售渠道。

2. 加盟创业

分享品牌,分享经营诀窍,分享资源,采取直营、委托加盟、特许加盟等形式连锁加盟,投资金额根据商品种类、店铺要求、加盟方式、技术设备的不同而不同。

3. 兼职创业

兼职创业即在工作之余再创业。不同职业的人可选择不同的兼职创业,如教师、培训师可选择兼职培训顾问,业务员可兼职代理其他产品的销售,设计师可自己开设工作室,编辑、撰稿人可朝媒体、创作方面发展,会计、财务顾问可代理做账理财,翻译可兼职口译、笔译,律师可兼职法律顾问,策划师可兼职广告、品牌、公关等咨询。

4. 团队创业

团队创业即具有互补性或者有共同兴趣的成员组成团队,一起进行创业。团队创业成功的概率要远高于个人独自创业。一个由研发、技术、市场、融资等各方面组成的、优势互补的创业团队,是创业成功的法宝。

5. 大赛创业

大赛创业即利用各种商业创业大赛,获得资金及平台。雅虎等企业都是从商业竞赛中脱颖而出的,因此,各种创业大赛也被形象地称为创业孵化器。清华大学王科、邱虹云等组建的视美乐公司,上海交通大学罗水权、王虎等创建的上海捷鹏等,也是借由大赛创业成功的。

6. 概念创业

概念创业即凭借创意、想法创业。当然,这些创业概念必须标新立异,至少在打算进入的行业或领域是个创举，只有这样，才能抢占市场先机，才能吸引风险投资商的眼球。同时，这些超常规的想法还必须具有可操作性，而非天方夜谭。

7. 内部创业

内部创业指的就是在企业公司的支持下，有创业想法的员工承担公司内部的部分项目或业务，并且和企业共同分享劳动成果的过程。这种创业模式的优势是创业者无须投资就可以获得很广的资源，受到很多创业者的青睐。

1.2.2　创业的模式

创业除以上几种基本形式之外，还有几种创业模式可借鉴。

1. 白手起家

白手起家是从无到有、从零开始的创业模式。白手起家是最困难的创业方式，因为缺少资金、没有资源，只能艰苦奋斗，一点一滴地积累和摸索。

要注意的是，白手起家的创业者必须要有市场预见性，有良好的信誉和人品，有吃苦耐劳的精神。

2. 收购现有企业

收购现有企业有两种方式，第一种是接手别人的公司进行经营，第二种是收购公司，重组转卖，低价买进、高价卖出。

收购现有企业的优点是：公司经营具备一定的基础，不用从头开始，可节省时间。

要注意的是，创业者要对企业做全面的了解，仔细评估生意不好的原因，确定自己是否能解决。

3. 代理

代理是一种很常见的创业方式，指的是借助别人的品牌来发展自己。

代理时要选择品牌信誉好、发展潜力大的公司产品，代理时要注意建立自己的品牌、维护自己的渠道。

4. 加盟（特许经营）

加盟者不必自己探索开创新事业的路子，只需向加盟商支付一定的加盟费，就可以经营一个知名的品牌，并长期得到特许者的业务指导和服务。

调查资料显示，在相同的经营领域，个人创业成功率低于20%，而加盟成功率有80%～90%。

加盟的优点是：能分享品牌、分享经营方法、分享资源支持，对于加盟者而言风险较小，容易管理，对于加盟商而言，能短时间迅速扩大公司规模并获利。

加盟成功的关键因素有：选择适合的特许品牌；选址是非常重要的一环；善用总公司的资源，配合业务的发展。

5. 在家创业

在家创业也称 SOHO，起源于 20 世纪 80 年代后期的美国。在家创业就是独立工作，不隶属于任何组织，不与任何雇主有长期承诺。

优点是时间灵活，独立，不受外界干扰；可以改善家庭生活，工作生活兼顾。但在家创业需要克服孤独感。

6. 网络创业

网络创业这种创业模式逐渐流行。目前的形式有网上开店和网上加盟等，淘宝等平台提供了各种服务；网上加盟，即以某个电子商务网站门店的形式经营，可直接利用母体网站的货源和销售渠道。

现在不管做什么生意都可以借助互联网。互联网可以瞬间完成传统方式花很多时间都难以完成的事情，但这需要具备一定的技术基础，熟悉网络基本操作，比如发送邮件、使用营销软件、建立网站等。

1.2.3 创业要注意的问题

1. 创业要留后路

创业者要有勇往直前的精神，但也需要理性地考虑到后路与退出机制。在想好自己的退出机制以后，才能集中所有的精力开创属于自己的事业。

2. 创业要准备项目计划

创业是一个系统工程，创业者要考虑人、财、物、进、销、存、竞争、市场细分、定位、管理体系、财务控制、退出机制、预算、分配分层、税务等一系列问题。

创业时需要计划充分，且有可行的目标、项目计划，要有明确的经营范围与核心竞争力，要学会把握事情的本质与企业的命脉，要学会运用所学的专业知识指导实践，并通过实践增强自身能力。

3. 创业要用动态角度去看

没有绝对的真理，只要相对的真理。在理性的状态下，创业者要学会适应社会变迁，在夹缝中谋求生存。创业者要会变，从量变到质变，动态地看待企业的状态。创业者一定要勤于思考、总结与反思，只有这样才能立于不败之地。

4. 创业要明白"你是谁"

创业者往往不清楚自己是谁、想干什么、适合干什么、有什么资源。创业者在创业之前一定要了解所拥有的资源，比较其与追求的创业目标之间的差距。在没有了解实际情况下，因为一个创意或朋友的建议，甚至是一时的冲动就要创业，是不现实的。"天上不会掉馅饼，地上也不可能捡到幸福"。创业者只有脚踏实地、诚信勤劳，才有机会获得成功。

5. 创业要有坚定的信念

创业是激发自己的潜能，向自己发起挑战的过程。创业者要不畏艰难，创业之路不可能一帆风顺，要克服重重困难，而作为一个创业者，最核心是创业状态或创业的主观能动性，即自我意识、创业意识与坚定的信念。只有创业者坚持，并懂得思考与执行，才可能获取成功。

6. 创业要有团结精神

团队的力量最伟大。因为人无完人，每个人都存在缺陷，但通过团队合作，就会达到互补的效果，从而最大限度地避开个人的缺点并发挥团队内每个人的优点。

1.2.4　创业的基本条件

（1）充分的资源，包括人力和财力。创业者要具备充分的社会经验、基本的学历条件、流动资金、时间、精力和毅力。

（2）创业项目可行性。创业项目不怕概念旧，最重要的是可行，可以继续开发、扩展。

（3）创业者应具备适当的基本技能。不是行业中的一般技能，而是通常性的企业管理技能。

（4）创业者具备创业项目有关行业的知识。

（5）创业者才智。创业者不一定要有高智商，但要能够把握时机，及时做出决策。

（6）网络和关系。创业者需要有人帮助和支持，不断扩大朋友圈和网络平台，建设好人际关系，实现创业共同体。

（7）确定的目标。目标应是明确的、切合实际的、可达到的。

为此，创业者须认真学习成功的经验，并从中找到可效仿的地方。大学生有创业热情，但由于经验欠缺、能力不足、意识偏差等，创业成功率明显偏低。

1.2.5　大学生创业必须具备的条件

（1）技术。用智力换资本，是大学生创业的特色之路。一些风险投资家往往因为大学生所掌握的先进技术，而愿意对其创业计划进行资助。因此，打算在高科技领域创业的大学生，一定要注意技术（专利技术）创新，开发具有自己独立知识产权的产品，吸引投资商。

（2）能力。大学生长期接受应试教育，不熟悉经营，技术上出类拔萃，理财、营销、沟通、社会经验、管理等方面的能力普遍不足。要想创业成功，创业者必须技术、经营两手抓。建议可从合伙创业、家庭创业或低成本的虚拟店铺开始，锻炼创业能力。

（3）经验。大学生长期待在校园，对社会缺乏了解，特别是在市场开拓、企业运营上，很容易陷入眼高手低、纸上谈兵的误区。因此，大学生创业前要做好充分的准备，一方面，去企业打工或实习，积累相关的管理和营销经验；另一方面，积极参加创业培训，积累创业知识，接受专业指导，虚心学习，增加创业成功的可能性。

（4）资金。一项调查显示，有四成大学生认为"资金是创业的最大困难"。的确，"巧妇难为无米之炊"，没有资金，再好的创意也难以转化为现实的生产力。因此，大学生要拓展思路，多渠道融资。例如，可将自己的专利技术通过参赛、评奖而获得社会认同，从而找到投资者，赢得创业成功的机会。

（5）毅力。创业成功的经验虽有千万条，各人各异，但有一条真理可循，那就是坚持、不达目的决不罢休的精神。

1.3　技术创业

1.3.1　创业需要土壤

创业要想成功就必须了解自身脚下的土壤，同样，大学生自主创业更需要了解脚下土壤的特性。如今，太多创业名人的佳绩，吸引了众多学子走出校园，我们必须看到，如果没有那些新鲜的思维火花，没有在车库里的学生创业者，也就没有微软、惠普等世界著名的高科技公司。

为了帮助大学生创业，各地陆续出台了相应的地方政策。比如，广西毕业生就业网开通自主创业证申请系统，有创业意愿的毕业生可通过此系统享受"绿色通道"优惠政策。福建省财政每年安排 500 万元，用于高校毕业生创业孵化基地建设和创业项目扶持等，省里每年重点扶持 60 个高校毕业生创业项目，经评审每项在 10 万元以内给予启动资金扶持。同样，为了鼓励高校毕业生就业，兰州市实施大学生创业引领计划，为自主创业并符合条件的兰州市大学生提供无偿资金援助。毕业 2 年以内的高校毕业生从事个体经营的（除国家限制性行业），免收登记类和证照类等行政事业性收费。杭州市于 2014 年年底发布了《杭州市人民政府办公厅关于进一步促进普通高校毕业生就业创业的实施意见》。意见提出，将对高校毕业生创业进一步加大资金扶持力度，对于网络创业者，符合条件的可以一次性补助 5 000 元。

除了解国家及各级政府先后出台的鼓励大学生自主创业的奖励和优惠政策外，还需结合自身实际情况，有针对性地择业或创业。高校毕业生有专业知识技术，也拥有实习、社会兼职、寒暑假短期打工的经历，但仍然缺少社会真假岗位的实际识别能力，被骗的情况仍然存在。因此，我们还需学习、充实自己，增强社会实践及识别能力。

1.3.2　技术创业的含义及优势

技术创业是指将拥有自主知识产权的专利技术转化为资本，在市场运作条件下形成的产业链。它是人们在市场经济条件下形成的一种商业行为，通常表现为为实现某一目的所采用的方法。换句话说，技术创业是通过技术转化平台实现技术占有（专利）、告知天下（宣传）、融资合作（扩大）、产品回报（投资）的过程。

技术创业的优势在于，创业者知道自己要做什么、该怎么去做，相对于盲目选择创业或者只有创意的创业者，能更快地打开局面。

1.3.3　技术创业过程

技术创业是通过将技术转化为资本实现创业成功的一种方法。因此，技术创业者需要拥有技术专长，也需具备较强的运用技术知识的能力，还需懂得采用法律手段保护自己的合法权益。技术创业是一次技术知识的实践运用及个人综合能力通过社会检验的完整过程，充满激情，也充满挑战。要想创业成功还需学习、了解、具备相应的其他知识，如市场经济运行法规、人力资源管理方法、生产运行过程、科学管理技巧、团队建设及社会资源的构建等。

创业是一件很难的事情，100 个人创业可能有 99 个人会失败，其根本原因是创业者缺少相应的专业知识及市场运作能力。

王兴，人人网（原校内网）创始人，美团网创始人兼 CEO，就是技术创业的成功范例。王兴回国创业至今，相继诞生了校内网、饭否网、美团网等。他创办的美团，成为时下团购网络的领先者。王兴的创业成功并非个案，发挥自身专业优势去创业并获得成功的人还有很多。那么，我们该如何学习王兴的创业方法去技术创业呢？回顾他的创业历程可发现，其基本过程如图 1-1 所示。

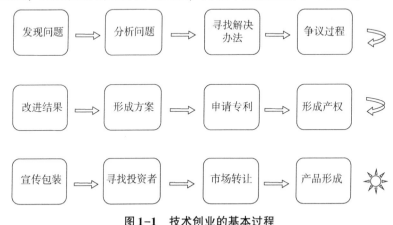

图 1-1　技术创业的基本过程

1.4　创业所需条件

创业需要学习，既可效仿他人，也需扬长避短、因地制宜。哪些经验值得我们学习呢？本书认为，以下几条可供大家参考。

1.4.1　创业前的准备

1. 创业要有足够的资源

很多人在初次创业的时候，资源十分欠缺。资源不足会使企业创业成功的概率降低，在资源准备上，一般来说，要符合两种条件：一是要有进入一个行业的基本资源，另一方面是具备差异性资源。如果任何条件都不具备，创业成功的可能性很小。创业资源主要包括以下几个方面。

（1）业务资源：赚钱的模式是什么。

（2）客户资源：谁来购买。

（3）技术资源：凭什么取得客户的信赖。

（4）经营管理资源：经营能力如何。

（5）财务资源：是否有足够的启动资金。

（6）行业经验资源：对该行业资讯与常识的积累。

（7）行业准入条件：某些行业受到政策保护与限制，需要进入资格。

（8）人力资源条件：是否有合适的专业人才。

以上资源创业者不需要100%具备，但至少应具备其中一些重要条件，其他条件可以通过市场化方式来获取。创业者如有足够的财力资源，其他资源也可以弥补；如果有足够的客户资源，其他资源也容易获取。

2. 创业前要认真思考、反复评估、考虑成熟

除了要有足够的资源准备外，心理准备也很重要。以下几个问题，值得创业者好好思考。

（1）我为什么要创业？是否有足够的决心，愿意承担风险？过去的利益是否舍得放弃？

（2）我是否具备创业者应有的能力与素质？是否能承受挫折？是否具有综合全面的素质，或者有专项技术特长？

（3）我创业成功的核心资源优势是什么？我具备的条件是足够的资本、行业经验、客户资源、技术创新还是商业运作能力？与即将面对的竞争对手相比，是否有明显的优势？

（4）是否有足够的耐心与耐力度过创业期？通过多长时间可以走过创业瓶颈阶段？自己有多长时间的准备？

（5）创业最大的风险是什么，最坏的结果是什么？我是否能承受？不要只想到乐观的方面，对风险一定要有充分的心理准备，否则，一碰到现实状况与想象不一样，就会信心动摇。

回答清楚以上问题之后，再决定是否创业。很多创业者的失败，都与创业前心理准备不足有关。假如准备不足、条件不具备，晚一点创业也不迟。

3. 通过工作经历来积累经验与资源

很多人迫于生存的压力，为创业而创业。在开始创业之前，进入什么行业、以什么为盈利模式，都不清楚。很多创业者，先将公司注册好了，再考虑业务范畴。创业者在创业之前，一定要有明确的创业方向。假如选择了某一行业，创业前一定要积累该行业的经验，收集相关资讯，如果有可能，可以先进入该行业的相关企业工作，通过工作经历来积累经验与资源。

4. 经营能力最重要

很多年轻人在创业时，过多强调资金因素。其实不然，创业条件中资金虽然

很重要，但最重要的是创业者个人的经营能力，特别是业务能力。只要有非常出色的经营能力，就有可能找到投资者。在创业初期，创业者个人的能力非常重要。创业企业事无巨细，什么都要自己亲自动手，不是一件轻松的事。在创业者的个人能力中，业务能力、客户开发能力、综合应变能力十分重要。

1.4.2　创业需要激情

创业需要激情、执着和谦虚。

马云在讲述自己的创业经历时讲道："创业需要激情，而且只有短暂的激情还远远不够，它需要持久地支持创业者的灵魂。"激情在创业中的重要性，具体有以下几方面。

1. 保留激情，创造奇迹

具有激情的人，将获得无穷的想象力和创造力。激情也容易使我们在平凡中创造奇迹。只有那些富有激情、勇于进取的人，才会在创业大军中脱颖而出。但激情只是一种助推剂，不是光有激情就具备了创业和成功的条件，还需要我们慎重和审时而行。

2. 激情是创业逆境时的助燃剂

创业是一件美好的事情，创业者往往勾画出一幅很美的蓝图。但是，在这条路上不时要面对逆境和失败。遇到逆境怎么办？是消极对待，还是充满激情地去解决？答案当然是后者。激情满怀地对待和消极厌世地等待，结果会大相径庭。

3. 激情使你信心百倍地创业

激情是创业不可或缺的优秀品质。创业要有激情，激情能激发你创业，二者相辅相成。当你浑身充满激情地去创业时，即使遇到难题也不会害怕，会觉得其实可以解决。

4. 激情会激励你的团队

一个积极向上的领导者会使企业充满生机和活力；一个思想消极，遇到困难就退步的管理者，会让员工也失去战斗的勇气。

团队的领导者的一言一行都影响着整个团队。领导者选择退，整个团队选择退；领导者选择前进，整个团队选择前进；领导者充满激情，团队也斗志昂扬。一个充满激情的团队焕发出无穷的能量。可见，激情是创业者不可或缺的品质之一。

★案例赏析

萨默·雷石东的创业故事

萨默·雷石东对"生活是残酷的"的体验是从童年目睹父亲背着厚厚一摞油毡走向卡车的背影开始的。卖油毡的父亲没有受过太多教育，但是世代相传的勤劳与精明，使他为这个家庭竭力贡献自己所能做的一切。雷石东以优异的成绩大学毕业后，开始了长达 10 年的律师生涯。

雷石东父亲的油毡生意有了规模之后，开始投资餐饮业，建造了纽约第一家（全世界第三家）汽车影院。父亲的影院不断扩张，逐渐形成了小有规模的连锁影院——东北影院公司。雷石东瞄上了东北影院公司，他因此放弃了"日进斗金"的律师工作，让父亲非常震惊。虽然是自己的亲生儿子，父亲也只给了他一年 5 000 美元的薪水。

激烈的竞争从雷石东进入东北影院公司之初就接踵而来。他的对手是那些大型连锁影院，他必须亲自与电影制片商谈判，不仅要善于辩论，还要与那些举足轻重的人建立私人关系，这样电影的首映权才可能攥在自己手里。残酷的竞争更展现了雷石东过人的机智和坚忍的精神。

20 多年的时间里，雷石东以国家娱乐有限公司（由东北影院公司更名而来）总裁的身份纵横捭阖。在他的号召下，代表美国 80% 以上电影放映商利益的国家影院业协会成立了。就在这个时候，意外发生了。55 岁的雷石东出差下榻的波士顿柯普利酒店半夜起火，他三度烧伤，烧伤率在 45% 以上。当时尚无人造皮肤（后来雷石东出资赞助了这项研究），医生只能对他进行"扒皮"治疗。6 个小时之内，医生对他动了 6 次手术，进行皮肤移植、骨移植，移植区的皮肤被一条条撕裂，每动一下都是疼痛不已。

雷石东奇迹般地活了过来。许多人认为，经过这段与死亡擦肩而过的遭遇，会使雷石东不再固执、不再好斗。而事实上，他的个人信念并没有因为这场大火发生任何改变。

1986 年，国家娱乐有限公司成了全美影院行业的佼佼者，加上在其他传媒公司股票上的投资，雷石东积累了 5 亿美元的财富。他拖着被大火烧残的身体，再次做出一个让世人惊诧的抉择：放弃对国家娱乐公司的日常管理，把全部精力集中在对维亚康姆的收购上。

雷石东与投资银行家和法律顾问一起制定了一个周密的"杠杆收购"方案。然而，维亚康姆董事会明显偏袒雷石东的竞争对手，数次把雷石东的标底透露给公司管理层。管理层与雷石东在标价上展开了拉锯战，从 22.5 亿美元、22.8 亿美元一直跟到 33 亿美元。他一周之内第三次提高标价，出价到 34 亿美元。这是一场耗尽生命和心力的角逐，在等待董事会的最终决定时，雷石东的眼睛布满血丝。最终，维亚康姆董事会同意接受他的报价。雷石东支付了 34 亿美元如愿以偿地收购了维亚康姆，但谁能填补如此高昂的收购债务？

摆在雷石东面前的是一个非常棘手的摊子。首先，公司原来的管理层对他这位控股股东兼董事长敌意十足，雷石东开始大刀阔斧地更换公司管理核心，以法兰克·比迪昂为首的新的执行团队开始进驻公司。为了减轻公司的财务负担，雷石东与可口可乐、迪士尼等公司进行了长时间的谈判，希望对方能够购买一部分维亚康姆的股票。他卖掉了手头上所有其他媒体公司的股票——除了维亚康姆，他还把自己在长岛和克利夫兰的有线电视公司以 5.5 亿美元卖给查克·多兰有线电视公司。

1993 年，雷石东拥有了自己的有线电视网、电视节目制作中心、电视台和广播电台，唯一缺的就是一家电影制片厂。为了建立一个真正以内容为王的传媒王国，他决定用维亚康姆收购好莱坞最负盛名的电影制作公司——派拉蒙电影公司。他成就了世界最伟大的娱乐帝国，其疆土几乎覆盖全球每一个角落，从出版社、电影制作到电影院线与影像出租，从儿童频道到青少年最爱的 MTV 音乐电视网，从有线电视台、广播台到户外媒体与主题公园，维亚康姆以 800 多亿美元的市值成为全球最大的传媒公司。

有人问他未来计划是什么，他说："我从来没有考虑过这个问题。其实我不十分关心我的年龄，考虑更多的是成功，如何取得更大的成功。我心中那股赢的激情将永远不灭。""你并不一定需要先接近死亡才体会到生的可贵，只要你愿意，生活随时可以开始。"

【点评】

正是这种赢的激情和坚韧不拔的毅力，使雷石东度过了生命中最艰难的岁月。雷石东认为，大多数成功人士并不是因为对金钱的渴望才获得辉煌成就的，他们所受到的动力通常来自更重要的因素：对成为第一的渴望和赢的激情。

1.4.3　创业需要火花

创业不仅需要激情、欲望、设想，更需要火花，有付出才有可能有收获。例如，利用人们喜爱玩手机游戏这一现象，开发游戏 APP，实现轻轻一点就能远程"种菜"的梦想。

今后，可以设想人们坐在办公室里，打开手机 APP，远在千米之外的多个温室大棚内的环境便了如指掌，温度、湿度、农作物生长等情况一目了然；还可以实时控制温室大棚里的农业设备，及时进行调节。

★案例赏析

大学生的"物联芯温室智慧种植云管家"

合肥工业大学"物联芯温室智慧种植云管家"项目团队的队员，描述了他们的产品在现代农业中的应用场景。

这一产品系统由无线智能控制器、无线采集单元、手机控制APP、分布式云服务器组成，综合运用物联网技术、传感器技术、通信技术、控制技术以及现代化温室种植等，将温室、用户、云端平台三者有机结合起来，不仅可以实现对多个温室大棚的远程智能控制，更可以借助云端服务器，实现专家系统图像识别病虫害诊断和专家系统种植策略推送服务，相当于为种植户提供了远程专业管家。

这一项目的创意，源于与一位温室大棚种植户的交谈，据了解目前温室大棚控制技术相对落后，很多设备还需要人工现场操作，不仅费时费力，在控制精准度上也容易出现偏差。

身处互联网时代，如何借助新科技来解决这一困扰现代农业发展的难题？他们开始进行思考。

5名团队成员在老师指导下各展所长，进行研究探索，历经多次修改，终于完成了"物联芯温室智慧种植云管家"产品系统的研发。该项目在首届安徽省"互联网+"大学生创新创业大赛中一亮相，就引起评委们的高度关注，最终夺得大赛实践组冠军。

【点评】

大学生创业，要在脚踏实地的基础上创新，结合自己的专业和特长去放飞梦想。对于高校来说，要正确引导大学生践行"知行合一"理念，才有可能使同学们在社会实践中得到提高。

1.5 创新促创业作品实例

1.5.1 创新促创业作品实例1：一种飞机安全逃生装置

1. 所属技术领域

本实用新型属于救生装置技术领域，尤其涉及一种飞机安全逃生装置。

2. 背景技术

随着科技的日益进步，人们的出行也变得越来越便捷。在长途旅行中，飞机成了不二选择。但如果飞机因故障而坠机，会造成多人伤亡的惨剧。人的生命是很宝贵的，所以要对飞机应急措施进一步进行健全。

3. 发明内容

针对上述问题，本实用新型提出解决了办法，其技术方案如下。

4. 技术方案

本实用新型为一种飞机安全逃生装置，主要由飞机座舱1、降落伞7等组成，如图1-2所示。

飞机座舱1分成几个部分的，每个飞机座舱都配备有一定足够承受本座舱的降落伞，并且座舱的四周及其底部都有安全气囊6。当飞机出现重大事故时，可以将各个飞机座舱分别从飞机主体2上弹射出去。在飞机座舱弹射出去的时候就自动启动座舱顶部的降落伞7和安全气囊6，降落伞7和安全气囊6可以帮助减缓着陆的速度和安全性。

本实用新型的有益效果是：使用简单，奏效快，安全性高，成本低，可广泛使用。

5. 附图说明

下面结合附图对本实用新型做进一步说明。

（1）图1-2（a）是飞机安全逃生装置的位置示意图；

（2）图1-2（b）是飞机安全逃生装置的结构示意图；

（3）图1-2（c）是飞机安全逃生装置产生作用时的示意图。

6. 具体实施方式

在图1-2（a）中，飞机座舱1位于飞机主体2的中部，并且飞机座舱1被分为了几个小的座舱。

在图1-2（b）中，在飞机座舱1的顶部是放置了降落伞的降落伞收藏室4。在座舱的正下方是缓冲层5，缓冲层5中填有缓冲物质。在座舱的四周和底部是安全气囊6。

在图1-2（c）中，在飞机启动该安全逃生装置后便会张开降落伞7和安全气囊6。

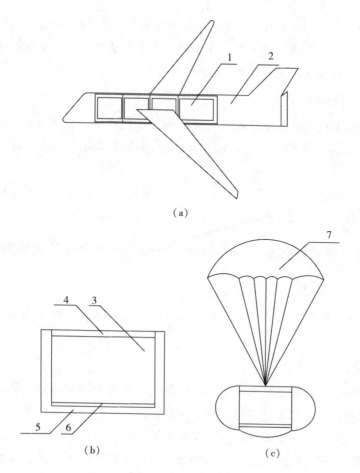

（a）

1—飞机座舱；2—飞机主体；3—机舱内部；4—降落伞收藏室；

5—缓冲层；6—安全气囊；7—降落伞。

图 1-2　一种飞机安全逃生装置

（a）位置示意图；（b）结构示意图；（c）产生作用时的示意图

★链　接

　　据国际民航的统计，飞机失事概率远小于其他交通工具，坐飞机比坐火车、汽车等更安全。但飞机失事常在瞬间，如果在高空，除非能顺利迫降，否则一旦坠毁往往同时引发爆炸，旅客生还的概率极小。

　　从这个层面上来说，空难的后果是最严重的。但不少对逃生常识一知半解的旅客怀有侥幸心理，对起飞前空姐的演示和机上的逃生手册视而不见，一些经常坐飞机的旅客对逃生设备的使用方法也不熟练。

　　为了解决飞机遇险逃生的办法，人们想了各种办法。

　　飞机的"黑色 10 分钟"，是指绝大多数空难发生在飞机起飞阶段的 3 分钟与着陆阶段的 7 分钟。但事故一旦发生，留给旅客的逃生时间远没有 3 分钟、7 分钟这么长。业内人士认为，失事后一分半钟是逃生的黄金时间。此时无论是一个常识的错误还是设备使用的不熟练，都足以致命。

7. 技术创业看技术

从创业的角度来看，该技术可广泛应用于民航客机、货运飞机、轰炸机等领域。从就业的角度来说，懂得该项技术、运用该技术对于创业也有十分重要的作用。

不少同学报怨创业找不到项目，其实，可从已经发明的专利技术中寻找灵感。专利是最新技术，易从中创造新产业、新行业、新领域。

1.5.2 创新促创业作品实例 2：一种飞机安全降落辅助装置

1. 所属技术领域

本发明属于航空飞行器安全降落技术领域，尤其涉及一种飞机安全降落辅助装置。

2. 背景技术

众所周知，在现代航空市场中，飞机降落时常常会因起落架故障而无法正常降落、导致空难。起落架是飞机在地面停放、滑行、起降滑跑时用于支持飞机重量、吸收撞击能量的主要部件之一，当起落架失效（故障或损坏）后，迫降时会在飞机着陆瞬间使飞机底部外壳与地面刚性接触，产生强烈摩擦，最终造成机毁人亡的事故。

为此，中外航空领域的技术人员进行过大量技术改进，但大多集中于起落架的完善上，对于机场内遇险辅助降落设施却没有相应的较为合理的设计及解决办法。

起落架无法正常收回

2004 年 11 月 22 日 17 时 40 分，上海航空公司的 FM9198 次航班在执行从延吉经青岛到上海的航线时，由于起落架故障，临时决定返回延吉机场迫降，飞机在空中经过 96 分钟的盘旋，最终安全降落。初步分析，故障原因为飞机的起落架零静电门发生故障。

这架飞机是加拿大庞巴迪 CRJ-200 型支线喷气飞机，该飞机于 22 日 15 时左右到达延吉机场。

事发当日，延吉的天气非常不好，飞机正常起飞后不久，机组人员就给地面调度室发来了消息，称飞机的起落架无法正常收回，而且不能确定飞机是否可以正常降落。

综上所述，究竟有没有一种方法能使飞机在降落装置损坏后（包括故障），通过另外一套辅助装置安全降落呢？

3. 发明内容

我们经常可以看到飞机撞入树丛后不但没有人员伤亡，反而有人生还的报道。原因很明显，由于树枝的阻力作用，高速运动的飞机可以停留在空中，从而降低了在机场迫降过程中机腹着陆擦地的损坏程度以及起火危险性。当然，由于树丛对机翼等部件的损坏，这种降落方式依旧可能引起火灾，造成人员伤亡。

也就是说，在起落架失效的情况下，应设法使飞机在空中将速度安全地降为零，从而消除机腹与地面的摩擦；同时，应保证为飞机减速的装置不能对飞机造成其他损坏。

基于这种思路，本发明提出一种飞机安全降落辅助装置，它由滑行装置、减速舱高位支架承接车、减速舱组成，如图 1-3 所示。下面对飞机安全降落辅助装置各部分的技术特点进行说明。

（1）减速舱结构。减速舱舱体内部空间由外到内类似于锥形，逐渐缩小，至中心最末端与普通客机机头形状相似，两边分别于机翼边缘相契合。中心末端由反光材料制成，借鉴了航空母舰中用光线反射的原理，可为飞机的飞行角度导航。飞机下滑时，通过可视雷达和十字瞄准线与对接，产生重合实现替身滑行。减速舱及减速舱高位支架承接车可设置为 30 米左右的高度，促使飞机迫降时能在一个相对安全的环境中与减速舱对接，从而避免了与地面进行的强烈摩擦。减速舱高位支架承接车借鉴了空中加油机软管加油的对接技术，其内部舱体横截面形状类似于普通客机从尾部往头部观察时的形状，但进口处的尺寸要比普通客机大两到三倍，从而保证飞机安全对接。

（2）减速舱高位支架承接车结构。减速舱高位支架承接车的空间应能容纳类似形状的各种机型，舱底铺设有专用的缓冲阻燃材料，且舱支架内的四周均有专用导航照明设施以引导飞机运行，并且有信号收发装置，可以通过实测数据实现与飞机互相确定位置。

（3）滑行装置。滑行装置与导轨系统一起组成了类似于航空母舰上使用的蒸汽弹射系统方式，通过蒸汽弹射内置缸体递减实现吸收飞机滑行产生的巨大能量的目的。装置即蒸汽弹射系统中活塞与牵引器的联合体，导轨系统即蒸汽弹射系统的其他部分。滑行装置可通过主控台发射控制信号来控制蒸汽的流量变化，从而控制滑行装置的速度。导轨系统可安装在机场周围的草坪上，不占据机场的跑道。

考虑到飞机质量很大，导轨应比航空母舰上的长。主控台由机场人员进行操作，通过雷达、计算机等设备对飞机进行监控，并由此来控制滑行装置的速度、位置，同时帮助飞机进行定位，实现飞机与减速舱的精确对接。

（4）实施步骤包括启动、对接、减速、分离四个。本发明的有益效果是：将复杂的事情简单化，采用以柔克刚的方式通过启动、对接、减速、分离四个步骤化险为夷。

4. 附图说明

下面结合附图对本发明一种飞机安全降落辅助装置做进一步的说明。

①图1-3（a）是滑行装置的结构示意图。

②图1-3（b）是高空支架的结构示意图。

③图1-3（c）是减速舱的结构示意图。

5. 具体实施方式

下面对飞机安全降落辅助装置的详细工作过程做进一步的说明。

第一步，启动。当起落架失效（发生故障）时，驾驶人员将该情况报告给主控台，主控台启动飞机安全降落辅助装置，并告知飞机向飞机安全降落辅助装置的位置飞行。

装置开始启动时与飞机的距离，称为启动距离。当主控台监测到飞机进入启动距离后，向导轨系统的工作侧气动模度阀发出信号，控制工作侧气动模度阀打开，使蓄压罐内的蒸汽释放并进入弹射气缸，推动活塞，从而使飞机安全降落辅助装置以设定的加速度前进，短时间内加速到接近飞机的速度。

装置可同时打开返回侧排气阀，使活塞的另一侧筒因压力剧增，使余气从排气阀迅速排出。

第二步，对接。飞机根据飞机安全降落辅助装置内的信号收发装置提供的位置数据，准确地向减速舱高位支架承接车中水平飞行。

在飞机即将接近减速舱高位支架承接车时，应保证飞机安全降落辅助装置的速度略小于飞机速度，从而使飞机可以相对于减速舱高位支架承接车慢慢地、安全地飞入。

减速舱高位支架承接车内部的信号收发装置以及从反光材料反射来的光柱，

引导驾驶人员将飞机飞入合适的位置。主控台对飞机安全降落辅助装置的速度进行实时控制，以保证在飞机头部或机翼等所有前边缘与减速舱高位支架承接车契合时，二者的速度保持一致，飞机相对静止地落在减速舱高位支架承接车内的缓冲阻燃材料上。

第三步，减速。此过程与启动过程相反。飞机静止在减速舱高位支架承接车的同时向主控台发出信号，主控台控制工作侧气动模度阀和返回侧排气阀同时关闭，返回侧气动模度阀和工作侧排气阀则同时打开，蒸汽由返回侧气动模度阀进入，同时工作侧的余气通过工作侧排气阀排出。

活塞在返回侧蒸汽压力下减速，由主控台控制其反向加速度，从而使飞机安全降落辅助装置安全地停下来。

第四步，分离。在飞机安全降落辅助装置停止之后，应首先使机上人员安全撤离，打开减速舱高位支架承接车内的紧急出口（内置楼梯），会有紧急气垫滑梯自动打开，让人员逃离。全部人员安全撤离后，可使用起重设备或其他装置将飞机转移至地面。

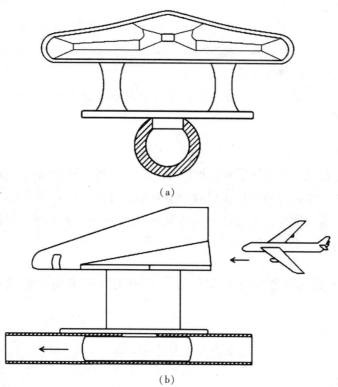

(a)

(b)

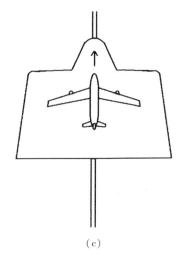

（c）

图1-3　一种飞机安全降落辅助装置

（a）滑行装置；（b）减速舱高位支架承接车；（c）减速舱

★链　接

如果飞机要迫降了，如何做才安全？什么原因会导致飞机迫降？

导致飞机迫降的原因常见的有发动机起火、客舱起火、空中释压、严重燃油泄漏、起落架无法正常收放等。

飞机迫降是一件很专业的事，只有飞机上所有人努力配合，才能在不可能中创造可能，让乘客没有危险。

6. 技术创业看技术

本发明是针对存在的问题来找解决的办法，找到一种能使飞机降落装置损坏后通过飞机安全降落辅助装置来继续安全降落的方法。本发明所属技术领域的技术人员可以根据具体情况进行各种各样的修改或补充，或采用类似的方式替代，但并不会偏离本发明的作用和意义。

1.5.3　创新促创业作品实例3：一种飞机安全迫降辅助系统

1. 所属技术领域

本发明属于航空飞行器安全降落技术领域，涉及一种飞机安全迫降辅助装置。

2. 背景技术

在民航事故中，飞机因起落架故障、无法正常降落而导致的空难占据了相当大的比例。当起落架出现故障时，飞机着陆瞬间底部外壳与地面刚性接触，因强烈摩擦，可能造成机毁人亡。针对此类问题，大多数机场会命令飞机在草坪迫降，并采取喷洒阻燃泡沫等措施来避免事故发生。美国等国家通过在机场某区域设置飞机拦阻系统，对迫降飞机实施安全拦阻，缩短其滑行距离。但主要针对军用飞机，且飞机拦阻系统本身无法活动，对不同型号的飞机拦停效果差异较大，同时对飞机本身存在一定的损害。

一种可移动的迫降平台，通过控制迫降平台的运动来实现与迫降飞机的安全结合，从而消除迫降飞机与着陆地面的摩擦。但未考虑承接飞机后动力不足的问题，且由于迫降平台速度过高、路线不固定，可能对机场人员及设施的安全存在较大的威胁。针对以上问题，本发明提出一种飞机安全迫降辅助系统，以消除摩擦对飞机造成的损害，同时在最短时间内辅助飞机完成迫降。

3. 发明内容

（1）系统基本构成。飞机安全迫降辅助系统主要由起落架车 1、地下导轨系统 5 和控制中心 6 三部分组成。

起落架车 1 主要包括拦阻系统、通信系统、检测系统、迫降平台 3 和滑行装置 4。拦阻系统借鉴军事上应用的网索混合式固定拦阻装置（飞机拦阻装置 2），安装于起落架车 1 的后半部分。考虑到迫降平台 3 长度有限，可设置两套拦阻装置，以保证成功拦阻迫降飞机。通信系统内置于迫降平台 3 中，主要用于对起落架车 1 进行定位，以及与控制中心 6 的通信。检测系统包括温度、压力传感器，摄像头等检测装置，对起落架车 1 的运行状况进行实时监测。迫降平台 3 的尺寸应大于飞机外形尺寸，表面跑道铺设导航灯，并在其前半部分设有弹性缓冲装置及上百个小安全气囊。迫降平台 3 两侧设有两排车轮，并连接滑行装置 4。

（2）滑行装置 4 与地下导轨系统 5 使起落架车 1 能在极短时间内迅速加速到飞机迫降时的速度范围。滑行装置 4 即弹射系统中活塞与牵引器的联合体；地下导轨系统 5 即蒸汽弹射系统的其他部分，它可通过控制中心 6 发射控制信号来控制蒸汽的流量变化，从而控制滑行装置 4 的速度。地下导轨系统 5 可安装在机场周围的草坪中，不占据机场的跑道。考虑到飞机质量很大，导轨应比航空母舰上的长。

（3）控制中心 6 由机场人员进行操作，通过雷达、计算机等设备对飞机、起落架车 1 进行监控，结合前两者的运动状况对地下导轨系统 5 发出控制命令，同时为迫降飞机提供起落架车 1 的速度和位置，帮助其进行定位，实现飞机与起落架车 1 的顺利对接。

本发明的有益效果是：将复杂的事情简单化，采用以柔克刚的方式启动、对接、减速、分离四个步骤化险为夷。

4. 附图说明

下面结合附图对本发明做进一步的说明。

（1）图 1-4（a）是起落架车基本构造示意图。

（2）图 1-4（b）是飞机安全迫降辅助系统工作过程示意图。

（3）图 1-4（c）是迫降过程三维示意图。

三个图依次为启动过程、对接过程、减速过程。

5. 具体实施方式

下面对飞机安全迫降辅助系统的具体工作过程做进一步地说明。

（1）启动过程。当迫降飞机与起落架车 1 的水平距离为 D_1 时，飞机安全迫降辅助系统根据机型、机场情况等因素，测算出较为适合的对接区域，保证迫降飞机与起落架车 1 几乎同时到达对接区域，并在到达时飞机能够降落至设定高度 H，速度大小保持在 v_1，同时起落架车 1 速度稳定在 v_2。飞机安全迫降辅助系统根据计算结果，向飞机发出命令，告知其对接区域以及降落至设定高度 H 并将速度降至 v_1。同时地下导轨系统 5 发出控制信号，使其释放相应的蒸汽量，推动起落架车 1 迅速加速。

（2）对接过程。当迫降飞机与起落架车 1 都以设定速度达到对接区域时，则进入对接阶段。控制中心 6 控制起落架车 1 开启导航灯与安全气囊。飞机应降低高度，近乎垂直地降落在迫降平台 3。但由于实际情况较为复杂，飞机不可能每次都相对静止地降落在起落架车 1 上，并且起落架车 1 要承受飞机对其垂直方向上较大的冲击载荷。因此安全气囊与拦阻系统的应用十分必要。对接过程中，起落架车 1 的实际速度将有一定变化，因此需要检测系统实时监测迫降飞机、起落架车 1 的相对运动状态、摩擦力等，保证两者的相对静止。

（3）减速过程。控制中心 6 通过检测系统提供的摩擦系数、静摩擦力等数据，以及知识库中关于拦阻系统有效阻力等信息，测算出两者保持静止状态的反向加速度范围，控制地下导轨系统 5 的蒸汽流量，从而使两者在保证安全的前提下以最短时间减速停车。考虑到控制效果的时滞性，由于迫降飞机质量较大，有时因惯性可能会相对起落架车 1 向前滑动，检测系统将该情况通过通信系统反馈给控制中心，由控制中心 6 调整地下导轨系统 5 蒸汽流量。同时，第二套拦阻装置也可对其进行有效拦截，以免由于控速滞后或出现故障而造成飞机滑出起落架车 1。

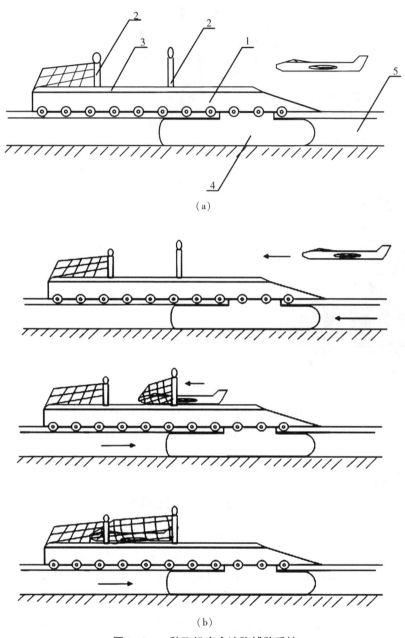

图 1-4 一种飞机安全迫降辅助系统

思考题

1. 技术创业有风险，也有彩虹，你做好了准备吗?

2. 技术创业有选择，你打算入哪行?

3. 技术创业有方法，你认为哪种适合你?

4. 技术创业有失败，你将怎样面对?

第 2 章

创业项目与创业方法

2.1 创业项目

2.1.1 创业项目概述

1. 创业项目的定义

创业项目指创业者为了达到商业目的而具体实施的工作。创业让一个人实现从职业到事业的转型。多数人想创业、想有属于自己的事业，哪怕它很小。任何事情都是从小到大的，学习如此，创业依旧如此。

2. 创业项目的分类

创业项目的分类很广，按性质来分，可以分为实体创业项目和互联网创业项目；按行业来分，可以分为餐饮、制造、零售等门类；从更大的范围来说，加盟一个品牌、开一间小店，都算是一个创业项目。

按投资大小，创业项目分为无本创业、小本创业、微创业等。

按观念，创业项目分为传统创业、新兴创业。

按方式，创业项目分为自主创业、加盟创业、体验式培训创业。自主创业需要人员、资金、产品等多项内容的系统化规划，起步较高，风险较大；加盟创业比较普遍，而且比较正统、专业、规模化；体验式培训创业类似于一个创业模拟，从中可以积累创业经验。

2.1.2 小本创业

1. 小本创业的定义和类型

小本创业指不用资金或只用少量资金来进行创业的创业方式，它具有投资少、风险小的特点，对于家境不富裕的创业者来说是比较好的选择。小本创业具有以下几种类型。

（1）网络开店型。网络开店型主要有网络拍卖、网络店铺两种，此类创业方式除了要求对计算机、网络运用较熟悉外，卖的商品也要具有独特性。

（2）摊贩型。摊贩型分为两种，一种是以摊车的形式出现，所售商品以小吃为主；另一种则将商品摆在地上或在特定的地方陈列出售，此类商品包罗万象，如衣服、皮具、发饰、眼镜等。

（3）业务型。业务型最重要的是服务质量，因为创业者很难掌控商品品质，服务品质就重要许多。另外，此类创业者需要大量的客户，因此创业者必须善于沟通，努力扩大人脉。

（4）居家型。居家型的工作地点就在自己家中，必须要自己去开发客户，随时都会有碰壁或断炊的情形出现，因此必须要有积极乐观的态度。

（5）寄卖型。寄卖型就是创业者投入少量资金去周边批发市场找一些有价格、质量优势的商品，然后发货给寄卖网站，寄卖网站通过自身的销售渠道把商品销售给消费者。通过这种模式，创业者和寄卖网站双方互补了不足，都能得到利润。

2. 小本创业常见的技巧

很多人尤其是大学生开始小本创业，下面介绍一些小本创业的技巧。

（1）小本创业第一招：锦上添花。这是指依托一个成熟的行业，专注支流业务，追求满足一部分人的需求。

所谓锦上添花，指的就是在消费者主流需求得到满足之后满足其衍生需求。衍生需求大多属于精神层面的需求，这种行业往往对从业者提供的服务有非常高的要求。

这一类行业目前很多，比如互联网热潮兴起后的周边衍生业务、教育热潮兴起后的周边衍生业务、汽车热兴起后的周边衍生业务。

例如，对于数码相机来说，除了数码相机的生产和销售、数码相片冲印外，还有很多细分市场业务需要人去做，如数码相片的加工和修改，利用数码相片制作个人电子纪念簿、幻灯片等。又比如，彩屏手机兴起后，衍生了彩铃业务。

（2）小本创业第二招：化整为零。随着人们生活水平的提高，一站式经营已经不适应时代的发展，消费者追求的是个性与品位，经营者可以进行专营与分割。例如对于穿着，经营时尚衣着的商店不再是出售从头到脚所需的物品，而是或出售帽子，或出售内衣、外衣、毛衣，或出售各种腰带，或出售各种手套，或出售各种裤子，或出售袜子或鞋子。

这是适合小本创业和中小投资的一种变化，小本创业者要善于掌握，对机会善加利用。可供"切割"的商业形态很多，例如婚礼筹办，就可以细分到司仪、婚纱专营、结婚摄影、婚车租赁、宴席布置、喜糖采办等数十个细项，而每一个细项几乎都可以专营。过去进行一站式服务，为的是顾客方便、省事，现在讲究的是专业化、个性化。"切割"可以形成众多"组件"，可以供人们自由地搭配，使一个人与另一个人"相同"的机会大大减少，迎合了人们追求个性化的需要。

因为经"切割"的商品比较"小"、比较"单薄"，单个商品的附加值不高，所以选择此种方式的创业者在经营时要注意以下几点。

第一，品种要全。人们购买此类商品时，大多是集中性购买和批量性购买，应让消费者有选择的余地。

第二，此类店大多属于小投资、小本经营、店铺较小，不易引起人们的注意，所以需要特别重视宣传。一方面，创业者在经营过程中要想出各种办法对商店进行宣传，从最初的困境走出来。另一方面，此类店因为独具特色，很容易引起新闻媒体的注意，可加以利用，必要时可主动与新闻媒体取得联系。

第三，小商品的流行风尚瞬息万变，进货时要注意多品种、小批量，以免造成积压，出现资金周转问题

第四，如果是技术性的切割，要体现技术的含金量。如北京有一家专门安装门窗玻璃的公司，因为技术过硬，很多宾馆、酒楼在安装门窗玻璃时都指定这家公司，生意十分红火。虽然这家公司做的只是建筑安装和装修工程中极小的一个业务，盈利却比很多公司好得多。这种"切割"对技术有非常高的要求，能真正体现技术的含金量。

（3）小本创业第三招：就地打井。对于创业者和投资者来说，创业最简单的方法就是从自己熟悉或有专长的事做起，也就是人们常说的"不熟不做"。这样可以起事半功倍的效果，减少创业过程中的波折。

为了提高成功的机会，减少失败概率，在创业之前应做到以下几点。

第一，冷静评估所拥有的资源，包括社会关系、专业特长，并评估其所蕴含的商业价值，寻找创业和投资的着力点。有些人可能拥有很好的软硬件资源，却因为没有找好着力点，导致创业过程艰难，经受了许多原本可以避免的波折。

第二，资源可以建立，知识可以学习。如果经评估，如果自身还不具备创业的必要资源和必要特长，那么，可以先不急于创业。在这种情况下，可以给自己一段时间，来为将来的创业组建资源，学习必要的技术和其他方面的知识，不打无准备之仗。

第三，不是任何资源（包括专业知识、技术特长）都有商业价值。创业者和投资者在评估自己所拥有的资源时，要尽量避免"自我感觉"。很多创业者和中小投资者因为缺乏经验，容易凭感觉行事，有时候这样做确实能抓住机会，但多数时候有害无益。

（4）小本创业第四招：设身处地。设身处地的下一句话就是"推己及人"。从自己和别人的困难中发现商业机会，已经成为一个常规的方法，成功的概率非常高。这是因为，当自己或别人感到困难的时候，市场已经形成，你所需要做的只是采取正确的方法，对已经形成的市场进行开发。这比凭空创造一个新市场要容易得多，投入也小得多。所以，作为投资者和创业者，平时要留心观察，机会说不定就在身边。

（5）小本创业第五招："天外飞仙"。所谓"天外飞仙"，可以理解成第四招的一个变种。随着经济全球化的发展，各国经济的交流日益频繁，为投资者创造了诸多机会。国外有很多本身价值不高但附加值很高、深受消费者欢迎的小商品，适合小本创业者。在经营这类产品的时候，要注意以下问题。

第一，所选商品一定要时尚。目前，进口的时尚类小商品比实用性小商品更容易为消费者所接受。在我国，实用性的商品基本能够自己制造，尤其是实用小商品，制造工艺不错，大多物美价廉，一般会从国内流向海外，而非从海外倒流入国内。时尚类小商品则不然，因为这类小商品对工艺、设计的要求很高，国外有些国家在这方面有优势。

第二，专项经营，即集中力量做某类小商品。中小投资者大多资金不足，而小商品门类繁多，进口小商品价格较高，如果力量分散，多种经营，就什么都有，什么都不精、不全，经营效果反而不太好。如果集中经营，做情侣礼品就专心做情侣礼品、卖糖果就专门卖糖果（甚至可以细分成巧克力专营、水果糖专营等），则比较有利于打开市场，吸引消费者，取得好的经营效果。这方面的机会很多，这也是比较省力、风险较小的一种创业方式，比较困难的是如何建立国外的进货渠道，有些人选择通过互联网下单，但要防止受骗上当。

第三，国外的一些新风新俗、新型休闲方式、新的商业形态，如果能够加以适当引进，可能成为很好的创业机会，比如曾经流行的十字绣，就是由北京的一位创业者首先从法国引进的。将具有中国特色的商品，尤其是深具民族风格的商品输往海外，也是一条创业的捷径。

（6）小本创业第六招：洄水掠食。有经验的打鱼人都知道，鱼最多的地方不是河流的中央，而是河流的洄水区，也就是河边上一个一个的小潭。因为这种地方食物最丰富，鱼类最多。这个道理用在投资上同样合适。

当大家都去打工的时候，你可以考虑去做职业培训；当大家都想开出租车，一个城市出租车几万辆，出租司机成为浩荡大军的时候，你可以考虑去办的士之家，解决的士司机的吃饭问题；当大家都在为大学扩招欢呼雀跃，抢做教育和培训的时候，你提前规划如何解决大学生就业问题，如创办职业介绍所和猎头公司；当汽车热兴起，各地驾校风起云涌，你可以考虑去办陪练公司。

（7）小本创业第七招：无中生有。在这个时代，很多事情不确定，宏观环境、微观环境变动频繁，创业机会众多，创业者不必循规蹈矩，只盯着现有的行业。

在这方面，创业者可以走以下两条路。

第一，小众化。社会人群的分化和市场、消费者的零碎化为此创造了机会。

第二，高附加值。目前来看，主要集中于高技术含量的产品或高附加值的服务。

但是对于小本创业者来说，在这方面切忌急躁，因为是一个全新的行业，所以一定要稳扎稳打、循序渐进。

（8）小本创业第八招：返璞归真。中国具有悠长的历史，在数千年历史积淀的文化遗产中，有很多具有商业价值的项目。

例如，河南洛阳市南石山村的一家人做的高仿古陶，一个就能卖 8 000 多元，而且还供不应求。社会越现代化，人们就越向往返璞归真，创业者要懂得掌握社会趋势。此类操作一般投资不大，市场是现成的，比较适合小本创业者要注意以下几点。

第一，此类项目很少有可以直接投入商业运作的，即使可以直接投入商业运作，一般也只能吸引某些守旧的客户，所获利润十分有限。所以，此类项目要想有较大作为，必须运用现代化的商业手段，对其进行重新包装和定位，使它不但能吸引守旧的客户，还能吸引属于消费中坚力量的青年客户。这是成功的一个关键。

第二，最好选择实用性和文化蕴藏兼具的项目，如绣花鞋垫，既是实用性商品，又是艺术品；又如蓝印花布、手工绣花等。

第三，具有较高艺术欣赏价值的项目，如高仿古陶、澄泥砚等。此类项目一般具有高加附值，但需要从业者拥有某种特殊的专门技术，一般人很难掌握，所以需要慎重选择。

第四，此类项目在一般情况下属于高度小众项目，较难打开市场，往往需要有特殊渠道或较多投入。

如果创业者把眼界放开一点，那么，不仅可以从传统中找到机会，还可以从民族文化、地域文化等方面找到机会。它们共同的一个特点是，同时满足人们在精神上和物质上的需要。基本上，这种项目生产的不会是单纯的物质产品，所以不能用对待普通商品的态度来对待，用经营普遍商品的办法来经营。

如今很多大学生怀揣创业梦想，虽然手头资金非常有限，课余时间不多，但圆梦并不是没有可能，关键看有没有想法、敢不敢去做。

2.2　适合创业的方法与形式

2.2.1　创业的常见方法

1. 创建新公司

大多数创业者认为，应从一个全新的企业开始创业，接手其他人的企业尤其是经营亏损、濒临破产的企业总不那么踏实，故创建新公司常成为创业的主要方式。

优点：能够按照自己事先设想的模式塑造和运作企业；没有历史遗留问题；企业登记注册的速度较快；开始时以小本经营起家，投资较少。

缺点：挤入一个现成的市场比较困难，需要参与激烈的竞争；企业有一段低收入期或亏损期，创业者心理压力大；还没有建立顾客忠诚度，一段时间后可能创业失败。因行业执照等原因，有些行业对于新来者来说机会已经很少；在创业之初，难以获得银行积极的融资支持。

2. 收购其他企业

在西方国家，收购其他企业是创业的常见方法，一些企业家靠企业的兼并、收购而在相当短的时间内积累资本。在西方，已经形成包括许多企业购并专家、资产重组、资产评估、融资支援、股票上市等服务体系。

优点：收购生意正常的企业后，可以马上产生收入或者利润；可以利用原有企业的优秀品牌和声誉；可以获得现成的客户群体。

缺点：要为商誉付出额外价格；可能出现资产虚增，收购的企业也许并不值那么多钱；容易卷入购买前的企业纠纷或者债务纠纷；要改变原有企业的经营模式、理念、制度或辞去员工有难度。

2.2.2　初始创业的常见形式

1. 开网店

网店在当今社会已经很普遍。随着人们消费方式的转变，网上购物成为一种廉价而便捷的购物方式。人们足不出户就能任意挑选喜欢的商品，购买后能送货上门。网上购物的人越来越多，无疑为开网店的人创造了巨大商机。开网店的方式多种多样，年轻人可以选择适合的产品、采用适当的管理手段，达到获取利润的目标。

网店的开店成本很低，用一台电脑完成注册即可。熟悉网络之后，可在开网店进行小本经营的过程中积累经验，赚取第一桶金。

2. 开房产中介公司

买卖双方如何才能找到对方并且达成一致，是房产中介公司的事。开一个房产中介公司，为买卖双方提供便利；如果买方有不明白的地方，还可提供力所能及的帮助。一旦房屋成交，就能赚取一笔中介费用。

3. 开实体旅店

连锁旅店其实现在已经不少，有如家连锁酒店、7 天连锁酒店、汉庭连锁酒店、锦江之星连锁酒店等，但是这些酒店的营业面积虽大，却不能覆盖所有的地方。年轻人可开个青年旅店，设施上简单一些，住店用的东西一样不少，为年轻人提供便利，专门为年轻人服务。

廉价旅店更适合外出游玩的工薪阶层短期住宿。如果店址选得恰到好处，还能填补大型酒店很多空白，赢得不错的收益。小旅馆的经营方式多种多样，可以将店内设置得温馨舒适，给旅途中的客人家的感觉。

4. 开实体花店

栽一朵花、种一棵草，都是贴近自然、环保休闲的生活方式，为室内增添一盆喜欢的花，对身心是有好处的。开花店的经营成本小、易于管理，是个不错的选择。注意，要选择人流多的店址，并精心装修店面。

5. 开"孩子乐园"店

在居住人口多的地方适合开孩子游玩的"孩子乐园"店，也是不错的创业方式。孩子是家里的宝贝，对于孩子的游玩需求，很多家长也乐意花这笔钱。特别是在城市里，孩子能接触的小朋友不多，也不会有适合游玩的地方，开一个"孩子乐园"店，将里面装修得温馨、惬意，为孩子提供游乐器材，顺便卖些孩子喜欢吃的小零食、喜欢玩的小玩具、喜欢穿的小衣服，是能够盈利的。

"孩子乐园"店要靠近生活区，适合孩子进出。管理上多多照顾孩子的需要，关心孩子安全，让孩子们有个合适的游玩场所，创业者自然能够盈利。

6. 微型文印社

进入大学之后，什么东西都要标准化、规范化，手写的报告老师不收，申请表必须打印。虽然学校里面也有文印店，但有的离宿舍比较远，办一个微型文印社，方便同学，自己也提升了能力。

有这样想法的同学有很多，但真正动手操作的不多。其实搭建微型文印店没有难度，成本可以控制在 1 500 元以内，准备几包 A4 打印纸、一个订书机，再配备一台多功能一体机就能开始营业了。

7. 家教服务公司

对于很多大学生来说，家教是一个很好的兼职选择。无论是理科专业还是文科专业，只要拥有一技之长，那么这份工作应该不会很难找到。

当然，家教应至少有一门功课学得比较好，而且口头表达能力比较强。

8. 自由撰稿人

自由撰稿人要求文笔好，才思敏捷。此类没有时间要求，只要有能力就可以向各个报纸、杂志投稿，但对文学底蕴要求比较高。校对工作也可以划入此范围，此类工作对于中文系或法律系等文科专业的学生来说更具优势。

9. 翻译社

创建翻译社要求熟练地掌握一门外语，可以和外宾轻松交谈。翻译有口译和笔译两种职业可供选择。口译要求可以进行正常的交流，而且清楚地了解中西方文化的差异。笔译则要求用词严谨，可清晰地表达自己的思路和所要翻译的文章的内容。

10. 农机具租赁店

购买农业生产机械及相关配套机具，对于一家一户来说，投资大、使用时间短。若在农村开农机具租赁店，则既可满足农民耕作生产的需求，又可降低农户的生产成本。

11. 民用住宅设计店

随着农民生活水平的提高，农民开始注重改善居住条件和环境。如果开一家民用住宅设计店，从设计到建房都一手负责，市场前景会很好。

12. 乡村风味店

目前，农家招待客人也讲究了，对于重要的客人，一般会找个菜馆安排一些好的饭菜。而价格实惠、距离近的风味店，正是农家首选的招待之地。在相对比较繁华的地段开一家风味店，推出农家的风味菜，也能盈利。

13. 陶艺吧

爱玩泥巴是孩子的天性，但在城市里，这种乐趣几乎被剥夺了，陶艺吧能发挥孩子们的想象力，增强动手能力。此外，对于一些情侣来讲，自己亲手制作的陶器具有特殊意义。

14. 特色茶吧

特色茶吧主要销售鲜花茶，兼售水果茶，这在国内的一些大中城市比较流行。常饮鲜花茶可以美容护肤，调节神经功能，促进新陈代谢。适合泡饮的鲜花有数十种，如红玫瑰、白菊花、芍药花、金银花等。

15. 民俗服务公司

随着生活水平提高，婚嫁、生日、乔迁、殡丧等活动越来越受重视，而社会上熟悉民风民俗的人越来越少，因此该项目的市场空间很大。且投资成本低，人员均可兼职。

自主创业对所要从事的行业有独特的见解和敏锐的分析能力，要敢于开拓市场，不怕失败，具有不屈不挠的精神。但创业风险较大，在创业之前需要有足够的心理准备。创业是青年创业者职业生涯开始的一次挑战，更是时代的选择。要想创业成功，必须要有敢为人先的胆识及不怕失败的勇气。生活中的创业项目还有很多，关键是你要去寻找、选择。

★案例赏析

防近视笔

防近视笔很有特点，拿它写字如果坐姿不对，笔头立马"罢工"；如果脑袋伏得太低、背太驼，笔尖会缩回去。使用时，只要头与桌面书本距离小于 12 厘米左右，笔尖就会自动"罢工"，若坐直、规范写字姿势，笔尖就会乖乖上岗。这样一来，孩子们就会坐直，好好地写字了。

【点评】

创业并不难，正确选择创业项目、扬长避短即可。

在创业前做好市场分析、竞争分析、价格分析、营销分析、财务分析等，是成功的基本条件。

6. 有领导者心态的人

把自己放在领导者的位置去考虑问题，并且把自己思考的结果和领导的实际行动进行比较。人要经常换位思考才能成长，当你经常按领导者的想法去思考问题的时候，其实你已经在虚拟创业了。

7. 心胸宽广之人

创业需要面对合伙人、供应商、客户、员工等，很多时候要心胸宽广、目光长远，甚至需要忍耐。

当然，不论你属于上述哪一类型的创业者，只要有想法、敢于创业，都是适合创业的人，都是值得尊敬的人。

2.3.3　不适合创业的人

1. 缺少职业意识的人

职业意识是人们对所从事职业的认同感，它可以最大限度地激发人的活力和创造力，是敬业的前提。职业运动员、职业演员等，往往具有较强的职业意识，而有些工薪人员却对所从事的工作缺少职业意识，满足于机械地完成自己分内的工作，缺少进取心、主动性，这与竞争激烈的环境不相宜。

2. 优越感过强的人

创业需要团队合作，自视甚高、我行我素、难以与集体融合的人是难以成功的。

3. 只会说"是"的人

这种人缺乏独立性、主动性和创造性，即使成为领导者，也只能因循守旧，难以开展开拓性的工作，对公司发展不利。

4. 懒惰的人

创业是一项艰苦的工作，大大小小的事不少，任何一项工作的失误都有可能造成不可挽回的败局，这要求创业者不能心存侥幸，任何时候都不能放松，要保持谨慎。

5. 片面和傲慢的人

创业需要与合作伙伴精诚合作，充分发挥各方优势。有的人只注意别人的缺点，看不到别人的优点；有的人总喜欢贬低别人、抬高自己，以为自己是最强者。

这些人不适合创业。

6. 僵化死板的人

这种人做事缺乏灵活性，对任何事都只凭经验、教条来处理，不会灵活应对，将惯例当成金科玉律。而创业面临的环境复杂且充满变化，对任何事一律照抄照搬显然不符合创业的要求。

7. 感情用事的人

感情用事的人往往以感情代替原则，不能理智处理任何问题。而创业要求处理任何事情都保持冷静、理智，这对于应对创业复杂的环境也是不合适的。

8. 固执己见的人

从不听取别人的意见、固执己见的人也是难以成功的，须知个人的能力是有限的，想要成功，就要集思广益。

9. 胆小怕事、毫无主见的人

这种人宁可因循守旧也不敢尝试革新，遇事推诿，不肯负责，狭隘自私。

10. 患得患失却又容易自我满足的人

这种人稍有收获，欣喜若狂；稍受挫折，一蹶不振；情绪大起大落，极不平衡。

2.4　创新促创业作品实例

2.4.1　创新促创业作品实例 1：一种可以扩容充电插头

1. 所属技术领域

本实用新型属于移动电源技术领域，特别涉及一种可以扩容充电插头。

2. 背景技术

现在的电子设备越来越多，并且经常需要带在身边。但当我们在户外，没有备用电池了，且短时间内无法找到充电的地方，就给生活带来很多不便。所以需要一款产品，无论在哪里都可以解决手机等电子产品的充电问题。

现在市面上有几种卷状或块状结构的太阳能充电器，缺点是对柔性太阳能电池的耐磨性要求高。鉴于此，有必要提供一种更好的装置，以弥补现在市面上太阳能电池在使用方便性与使用寿命上的缺陷。

3. 实用新型内容

为了克服现有太阳能充电器以卷轴和独立块状为结构导致太阳能充电器使用不便的问题，本实用新型提供一种可以扩容充电插头，实现在有太阳的地方可以立马充电，使人们不必担心太阳能充电器的使用寿命问题，不必担心手机等电子产品的充电问题。

4. 技术方案

本实用新型主要部件包括保护套1、护边2、盖子3、搭扣4、柔性太阳能电池板5、连接带6、盖子上搭扣7、电源输出接口8，如图2-1所示。保护套1、护边2、盖子3为整个装置的外在保护装置，材料为塑料，厚度较薄，上面有布料覆盖，在保护套1上除有护边2外，另外的三个侧边上有搭扣4，在盖子3上有与搭扣4组成一对尼龙搭扣的结构，方便盖子3固定住。在盖子3上有一个盖子上搭扣7，盖子上搭扣7与护边2表面的布料结构组成另外一对尼龙搭扣。

当将柔性太阳能电池板5收拢到保护套1里时，可以利用四对尼龙搭扣将盖子3与护边2搭在一起，连同保护套1构成一个长方体。当打开该装置时，将四对尼龙搭扣解开，拉开盖子3，在盖子3上固定有一片柔性太阳能电池板5，该面与有搭扣的一面在不同侧。柔性太阳能电池板5的数量为双数，当收拢时，两片柔性太阳能电池板5的采光面相对，再堆叠在一起，收拢到保护套1里；一片柔性太阳能电池板5与相邻的柔性太阳能电池板5之间通过连接带6连接在一起。连接带6为布结构，可以实现多次折叠弯曲操作。在连接带6内部有导线，可将多块柔性太阳能电池板5连接在一起。同时在保护套1内表面底部有一片柔性太阳能电池板5与之固定，可以活动的柔性太阳能电池板5在一块布结构上作为承接。在保护套1里有电源转换电路，再将稳定的直流电通过电源输出接口8输出，供电子产品使用。

本实用新型的有益效果是：使用方便，寿命长，能量稳定，安全可靠，让人们在室外的时候不用再为手机充电不便而苦恼。

5. 附图说明

下面结合图2-1对本实用新型做进一步说明。

图2-1（a）是本实用新型打开状态的西南等轴测图。

图2-1（b）是本实用新型打开状态的东南等轴测图。

图2-1（c）是本实用新型打开状态的东北等轴测图。

图2-1（d）是本实用新型打开状态的东南仰角视图。

图2-1（e）是本实用新型合上状态的西南等轴测图。

图2-1（f）是本实用新型合上状态的东南等轴测图。

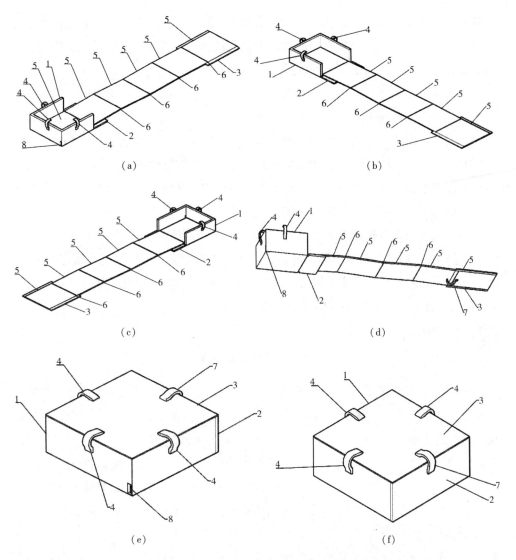

1—保护套；2—护边；3—盖子；4—搭扣；5—柔性太阳能电池板；

6—连接带；7—盖子上搭扣；8—电源输出接口。

图 2-1　一种可以扩容充电插头

（a）打开状态的西南等轴测图；（b）打开状态的东南等轴测图；（c）打开状态的东北等轴测图；

（d）打开状态的东南仰角视图；（e）合上状态的西南等轴测图；（f）合上状态的东南等轴测图

6. 具体实施方式

如图 2-1 所示，本实用新型在收拢时为一个长方体，打开时为一个长条状。在保护套 1 的侧边有一边为护边 2，护边 2 的一边与保护套 1 连在一起，另外三个侧边上面有搭扣 4，搭扣 4 与盖子 3 表层的布结构构成三对尼龙搭扣，在盖子 3 上同样有一个类似搭扣 4 的结构为盖子上搭扣 7，盖子上搭扣 7 与护边 2 上的布结构构成一对尼龙搭扣。在收拢时，通过四对尼龙搭扣可以将盖子 3 与护边 2 锁住，从而将柔性太阳能电池板 5 固定在保护套 1 里。

本实用新型的柔性太阳能电池板 5 为成对存在，方便折叠。折叠时，两片柔性太阳能电池板 5 的采光面相对，再与其他堆叠在一起，从而折叠在保护套 1 里面。

本实用新型的一片柔性太阳能电池板 5 与相邻柔性太阳能电池板 5 通过连接带 6 连接在一起，同时柔性太阳能电池板 5 固定在一块长条状的布结构上，实现多块柔性太阳能电池板 5 连为一体。连接带 6 为布结构，导线在连接带 6 内部，导线将多块柔性太阳能电池板 5 连接在一起。

本实用新型在保护套 1 内部底面与盖子 3 上都固定有一片柔性太阳能电池板 5。在保护套 1 内部有转换电路，从而可以实现从电源输出接口 8 稳定输出电源。

本实用新型的保护套 1、护边 2、盖子 3 为塑料材料，外表面有布结构覆盖，与搭扣 4、盖子上搭扣 7 构成四对尼龙搭扣。

★ 链 接

创业背景与国家政策

2013 年，国务院发布了《国务院关于加快发展节能环保产业的意见》。该意见提出了三个主要目标。一是产业技术水平显著提升。企业技术创新和科技成果集成、转化能力大幅提高，关键核心技术研发取得重点突破，装备和产品的质量、性能显著改善，形成一大批拥有知识产权和国际竞争力的重大装备和产品，部分关键共性技术达到国际领先水平。二是国产设备和产品基本满足市场需求。通过引进消化吸收和再创新，努力提高我国产品的技术水平……建设一批节能环保产业示范基地，形成以大型骨干企业为龙头、广大中小企业配套的产业良性发展格局。三是辐射带动作用得到充分发挥。通过推广节能环保产品，有效拉动消费需求；通过增强工程技术能力，拉动节能环保社会投资增长。

提出上述目标主要是节能环保产业发展的需要。与普通竞争性行业不同，节能环保产业属于典型的政策法规驱动型产业，既要突出市场导向，充分发挥市场配置资源的基础性作用，又要加强政府引导，驱动潜在需求转化为现实市场。总体看来，近年来我国节能环保产业得到较大发展，产业领域不断扩大，技术装备迅速升级，产品种类日益丰富，服务业水平显著提高，已初具规模，但仍存在创新能力不强、核心技术和关键设备依赖进口、产业集中度低、竞争力有待提高等问题，难以满足不断增长的节能环保市场需求。

7. 技术创业看技术

目前的便携式太阳能充电器有以下缺点：在阳光下才能用，不能随时随地为手机充电；带有锂电池的太阳能面板小、充电慢；没有锂电池的不能蓄电。本实用新型为太阳能电池板易损坏、不能折叠等问题找到了解决办法。

从创业的角度来看，人人都用手机，人人都离不开充电产品。虽然充电器类似产品很多，太阳能充电器除了在原理、结构上可创新创业外，还可在原有基础上进行外观设计。例如，利用人们喜爱生活中的各类生肖动物造型制作出更靓丽、更时尚的充电产品。还可以结合已有的台灯、电钟、笔托、文具盒等进行嫁接式改良，拓展出新的产品及新的行业。

目前，国家倡导节能环保，保护资源，从而为相应的专利技术找到了可开发、应用、生产、推广的良机。

2.4.2　创新促创业作品实例 2：一种雾霾清洗塔

1. 所属技术领域

本发明属于特高压电力电子技术领域，特别涉及一种雾霾清洗塔。

2. 背景技术

据 2014 年全国十大空气质量报告显示，京津冀区域空气质量平均达标天数不到全年五成，京津冀区域 13 个地级以上城市中 11 个区域的 PM2.5 年平均浓度超标 1.6 倍以上；复合型污染越发突出，传统的煤烟型污染、汽车尾气污染与二次污染相互叠加，超过了地区可承载能力。鉴于此，有必要提供一种更好的装置应对雾霾现象。

3. 发明内容

现在各大城市雾霾现象十分严重，为了解决这个问题，本发明提供了一种利用特高压在大气中形成的强电场对空气进行净化的装置，来实现减少雾霾、创造一个良好环境的目的。

4. 技术方案

本发明主要包括支撑架 1、支撑杆 2、升压器 3、电路板 4、负极线 5、正极线 6、尖端 7、市电端 8、升压器出线 9、整流电路 10、稳压滤波电路 11，如图 2-2 所示。支撑架 1 和支撑杆 2 为木质结构，支撑架 1 为一个空架子，作为整个塔的基底；支撑杆 2 为立在支撑架 1 中间的一根立柱，作为正极线 6 和尖端 7 的支撑结构。将装置的市电端 8 接到电源线，经过升压器 3 将市电端 8 接进来的低压电升压后变为百万伏或几十万伏级别的电压，升压过程在实际过程中可以通过多个升压器进行逐级升压，最后达到所需要的特高压值，将通过升压器 3 的升压器出线 9 出来的特高压电接入电路板 4 里的整流电路 10，将交流电转变为直流电，再将直流电通过稳压滤波电路 11，将变化的直流电稳定为恒值直流电，防止发生磁损耗。经过稳压滤波电路 11 出来的负极线 5 接入大地，成为零势线。将正极线 6 沿着支撑杆 2 往上安装，在支撑杆 2 的顶部有一个尖端 7，尖端 7 为一个在水平方向上有一圈尖端的铁质装置，作为正极放电端。

由于该装置为一个超高压或特高压装置，所以安全距离一定要保证。该装置与周围高大建筑物或容易发生击穿空气导电的建筑，或避雷针等，需要保持一段距离，防止发生强电流泄漏事故。该装置需要特殊专业操作人员才可以使用。

本发明的有益效果是：规格可大可小，可以固定在某一个地方，也可以随车移动，方便使用；结构简单，操作简便，虽然是超高压，但是可以保证安全运行，不会对周围的人或物造成伤害；采用正极周围的强电场对空气中尘埃负离子进行聚合沉降，效果显著，比负离子净化的动力强劲，因为负离子的作用面积有限。

5. 附图说明

下面结合图 2-2 对本发明做进一步说明。

图 2-2（a）是本发明的西南等轴测图。

图 2-2（b）是本发明的东南等轴测图。

图 2-2（c）是本发明的塔尖放大图。

图 2-2（d）是本发明的电路工作原理图。

6. 具体实施方式

本发明的主要结构为支撑架 1 与支撑杆 2，支撑架 1 为整个塔的底座，为一个稳定支撑架，升压器 3 在支撑架 1 上，可以将低压交流电转变为高压交流电。升压器 3 的初级线圈端，即市电端 8 与外接交流电源相连，升压器 3 的次级线圈端，即升压器出线 9 与电路板 4 里的整流电路 10 相连，把升压器 3 里出来的交流特高压转变成为直流特高压，不稳定的直流特高压经过稳压滤波电路 11 变为恒定的特高压直流电。恒定的特高压直流电的负极线 5 接入大地，成为电势为零的一端，同时也把大地作为一个电极，将恒定的特高压直流电的正极线 6 沿着支撑杆 2 将高压电送到一定的高空，通过尖端 7 的放电效应，使尖端 7 周围形成一定的强电场，空气中大量带负电的空气尘埃将会在强电场的作用下聚合沉降，使空气清新。

在使用本发明的过程中，需要注意的是放电击穿问题，远离高大建筑物，同时注意附近尽量不要有避雷针等导电物体。支撑架 1 与支撑杆 2 为不导电材料制成，比如木头、不导电橡胶等。整个电路除了尖端7，其他地方尽量不要有曲率过大的弧面，横截面尽量大。

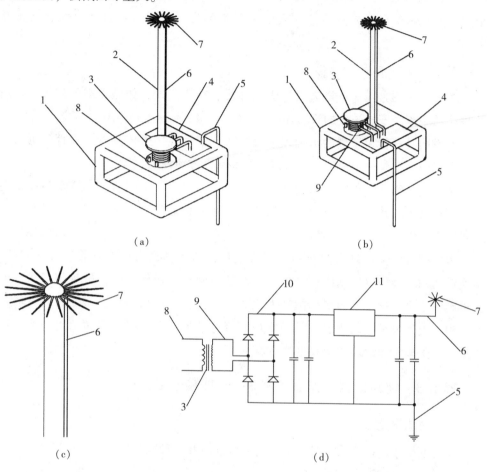

（a）西南等轴测图　　　　　　　　　　　　　（b）东南等轴测图

（c）

（d）

1—支撑架；2—支撑杆；3—升压器；4—电路板；5—负极线；6—正极线；7—尖端；
8—市电端；9—升压器出线；10—整流电路；11—稳压滤波电路。

图 2-2　一种雾霾清洗塔

（a）西南等轴测图；（b）东南等轴测图；（c）塔尖放大图；（d）电路工作原理图

★链　接

雾霾及治理

　　雾霾污染属于典型的大气污染。治理雾霾已经被提上国家环境治理的议程，但是治理雾霾绝非一朝一夕可以完成的，主要还是靠减少污染，减少危害物的排放，国家出台相应的法律法规，取缔更多的污染物超标工厂，从文化、政治、经济入手，打一场保护环境的持久战。

雾霾形成的内因是主要污染物排放量持续增加，大气污染负荷常年在高位变化。2012 年全世界约有 700 万人死于空气污染相关疾病。雾霾不管是对我们的身体还是环境都造成一定的危害，我们要积极开发新能源，提倡大家积极使用新能源。

7. 技术创业看技术

本发明采用雾霾清洗塔方式来吸尘降污、净化空气，使城镇空气达标，营造人民生活幸福、安居乐业的宜居环境。

本发明具有较为先进的治理理念及方法，型号规格可依据需要设计、可大可小，可以固定在某一个地方，也可以随车移动，方便使用。

本发明从创业的角度看有较强的市场前景：其一，采用新技术或专利技术能享受国家及地方政府各类优惠减免政策，可降低企业生产成本；其二，技术创业可吸纳大学生及社会青年参与。

本发明可以借助现有建筑做嫁接式改良，如借助现有的广告牌、公共厕所、垃圾转运站、高压电杆基座、墙界等。它结构简单、操作简便，虽是超高压，但仍可确保安全运行，不会对周围的人或物造成伤害。它采用正极周围的强电场对空气中尘埃负离子进行聚合，从而实现沉降，效果显著、成本低廉，比目前市场上销售的负离子净化器的功效更胜一筹。

2.4.3 创新促创业作品实例 3：一种鞋子自行车

1. 所属技术领域
本发明属于脚踩交通工具技术领域，特别涉及一种鞋子自行车。

2. 背景技术
现在市面上有溜冰鞋，有各种各样的自行车，有站立着踩的自行车和坐着踩的自行车。坐着踩的自行车有一个可以坐的地方，让人得到休息，但动力不大，上坡时难度较大，较费力。站立自行车解决了动力不大的问题，不过没有座位，体积较大，没有实现小巧化、便携式化。而溜冰鞋在使用时技术性较强，需要人们较强的平衡能力，会使用的人比例不大，且使用时场地很受限制。鉴于此，有必要提供一种更好的产品，以取代现有的交通工具，该交通工具应有更强的动力来源，降低技术难度，让更多的人可以使用它，且可以在普遍场合下使用。

3. 发明内容
为了克服现有便携式交通工具存在的动力不足、技术要求高的问题，本发明提供一种鞋子大小的站立脚驱动工具，来实现更大的动力驱动、更简便的操作以及更小型化的结构的目的。

4. 技术方案

本发明主要包括前轮 1、后轮 2、框边 3、踩踏承接面 4、方向杆 5、踩踏板 6、弹簧 7、基底面 8、转动中心 9、刹车环 10、刹车片 11、转动齿轮 12、驱动齿轮 13、转轴 14、手柄 15、手刹 16，如图 2-3 所示。

该鞋子自行车有四个轮子，两个前轮 1 与两个后轮 2，四个轮子可以起到很好的平衡作用，降低了技术难度，让人们可以很方便地踩在上面。框边 3 比人们的鞋子稍大，保证人们的脚能踩在里面。在框边 3 的中间有一个用来承受人们体重的平面，即踩踏承接面 4，在踩踏承接面 4 的中央有一条矩形缺口，在矩形缺口的位置有踩踏板 6，踩踏板 6 用来承受人们的踩踏，人们通过用脚使力向下踩踩踏板 6，使转动中心 9 转动。如踩踏板 6 向下运动，与踩踏板 6 连接的另外一端，即驱动齿轮 13 则会向上转动，踩踏板 6 与驱动齿轮 13 关于转动中心做相反方向运动，从而使脚上的力转换为踩踏板 6 的转动，带动驱动齿轮 13 转动，驱动齿轮 13 转动之后带动转动齿轮 12 转动，转动齿轮 12 在转轴 14 上，转轴 14 的两端连接着前轮 1，从而带动前轮 1 向前转动，实现向前行驶。当脚向上抬起时，踩踏板 6 失去脚对它向下的压力，从而踩踏板 6 在下方弹簧 7 的弹力作用下向上转动，带动驱动齿轮 13 向下转动，继而带动转动齿轮 12 向后转动，但是此时转轴 14 不会在转动齿轮 12 向后转动的情况下向后转动，转动齿轮 12 的原理和市面上自行车后轮相连的齿轮的转动原理是一样的，即当人们骑自行车时，向前蹬脚踏板，自行车向前运动，但是当人们向后蹬脚踏板时，自行车不会向后运动一样。

在踩踏板 6 的下面有一根弹簧 7，弹簧 7 安装在基底面 8 上，基底面 8 为该鞋子自行车的底面，转动中心 9 也安装在基底面 8 上。在框边 3 的侧边有方向杆 5，对于左脚踩踏的那一只鞋子自行车来说，方向杆 5 在左边，对于右脚踩踏的那一只鞋子自行车来说，方向杆 5 在右边。在方向杆 5 的顶端有手柄 15 和手刹 16，手柄 15 为一个环，可以用手握住，以此来保证人们在使用该鞋子自行车时有一个可以握住的地方，同时可以通过握住手柄 15 来操纵方向杆 5，调整鞋子自行车的方向。手刹 16 控制着刹车片 11，在转轴 14 上有刹车环 10，刹车环 10 随转轴 14 转动，当需要刹车时，通过手刹 16 控制刹车片 11，使刹车片 11 向内收拢，从而将刹车环 10 卡住，从而实现将鞋子自行车停下来的目的。

本发明的有益效果是：由两只鞋子般大小的鞋子自行车构成，结构小巧，四个轮子能够保证平衡，方便大多数人使用，降低了技术难度；直立驱动，动力足；

采用两边内夹刹车装置，控制灵敏，且有专门的方向杆，为人们提供一个可以扶手的地方，人性化设计；构想新颖独特，为全新的概念产品。

5. 附图说明

下面结合图 2-3 对本发明做进一步说明。

图 2-3（a）是本发明左鞋的西南等轴测图。

图 2-3（b）是本发明左鞋的东南等轴测图。

图 2-3（c）是本发明左鞋的东北等轴测图。

图 2-3（d）是本发明左鞋的西北等轴测图。

图 2-3（e）是本发明左鞋内部结构的西南等轴局部放大图。

图 2-3（f）是本发明左鞋内部结构的东南等轴局部放大图。

图 2-3（g）是本发明手柄的立体结构示意图。

图 2-3（h）是本发明两只鞋子的西南等轴测图；左边为左鞋，右边为右鞋。

图 2-3（i）是本发明两只鞋子的东南等轴测图；左边为左鞋，右边为右鞋。

6. 具体实施方式

本发明由两只鞋子般大小的装置组成，上面的两只鞋子只比日常使用的鞋子大一点，保证人们可以正常站在上面即可。

框边 3、基底面 8、踩踏板 6、方向杆 5 构成鞋子自行车的主要结构。在框边 3 的中部有一层用来承受人们体重的面，为踩踏承接面 4；在踩踏承接面 4 的下面有基底面 8，基底面 8 上安有弹簧 7 和驱动齿轮 13 的转动中心 9；与驱动齿轮 13 相连的一端为踩踏板 6，踩踏板 6 位于框边 3 中央，踩踏板 6 的一端在踩踏承接面 4 的下方，尾端在踩踏承接面 4 的上方；踩踏承接面 4 的中央为一个矩形缺口。

当人们站立在鞋子自行车上时，脚向下使力，使踩踏板 6 向下运动，从而使转动中心 9 向下转动，带动另外一端的驱动齿轮 13 向上转动，驱动齿轮 13 带动转动齿轮 12 向前转动，转轴 14 在转动齿轮 12 的带动下向前转动，从而该鞋子自行车实现向前运动的目的。当人们的脚向上抬起时，踩踏板 6 由于没有受到向下的压力，从而在弹簧 7 的弹力作用下向上转动，带动转动中心 9 向下转动，带动转动齿轮 12 向后转动。但是转轴 14 不会在转动齿轮 12 向后转动的情况下向后转动，从而保证鞋子自行车可以持续向前运动。当踩踏板 6 向上运动返回到最高位置时，接着下一轮踩踏循环。方向杆 5 为一根中空的铁杆，位于框边 3 的侧边，当人们站立在框边 3 上时，手握住方向杆 5 上的手柄 15，可以保持平衡。手柄 15 为一个环状的结构，可以容易让人们握住，在手柄 15 中有一个手刹 16，手刹 16 的刹车线通过方向杆 5 的中空结构传递到刹车片 11 上，控制刹车片 11 的开口大小。刹车环 10

为一个片状圆环结构，与转轴 14 固定，跟随转轴 14 转动，当需要刹车时，通过手刹 16 控制刹车片 11 的开口大小，从而控制刹车环 10 的转动，就可以控该鞋子自行车的运动。

　　鞋子自行车主要由合金构成，踩踏板 6 通过驱动齿轮 13 将力传动到转动齿轮 12 上，转动齿轮 12 带动轮子转动，从而实现向前转动。

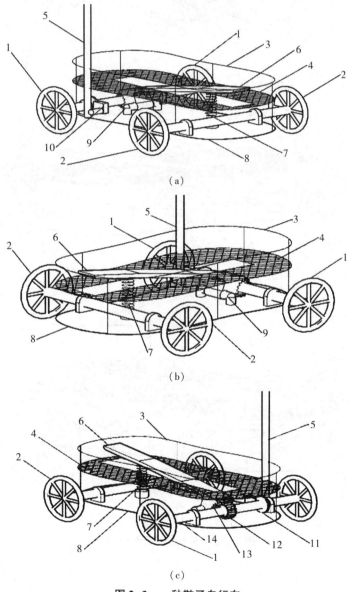

（a）

（b）

（c）

图 2-3　一种鞋子自行车

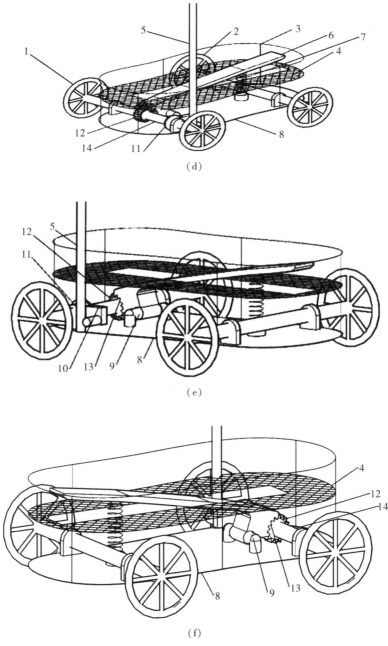

（d）

（e）

（f）

图2-3　一种鞋子自行车（续）

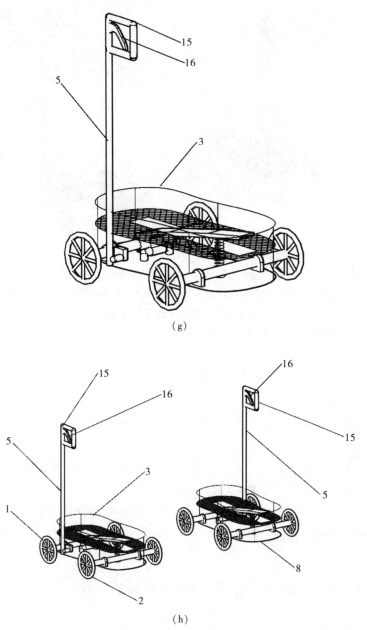

（g）

（h）

图 2-3　一种鞋子自行车（续）

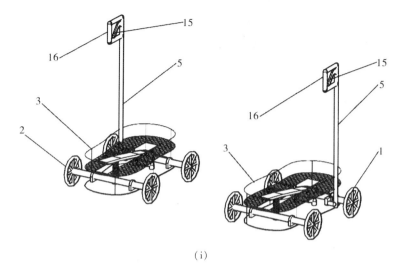

（i）

1—前轮；2—后轮；3—框边；4—踩踏承接面；5—方向杆；6—踩踏板；7—弹簧；8—基底面；9—转动中心；
10—刹车环；11—刹车片；12—转动齿轮；13—驱动齿轮；14—转轴；15—手柄；16—手刹。

图 2-3 一种鞋子自行车（续）

（a）左鞋的西南等轴测图；（b）左鞋的东南等轴测图；（c）左鞋的东北等轴测图；（d）左鞋的西北等轴测图；

（e）左鞋内部结构的西南等轴局部放大图；（f）左鞋内部结构的东南等轴局部放大图；

（g）手柄的立体结构示意图；（h）两只鞋子的西南等轴测图；（i）两只鞋子的东南等轴测图

7. 技术创业看技术

鞋子自行车是继传统滑板之后的又一滑板运动的新型产品形式。鞋子自行车造型美观、操作方便，驾驶更安全。

因此，从创业前景来看，如今追求时尚者会越来越多，鞋子自行车能满足这群爱追求时尚的年轻人，其市场光明、前景开阔。

创业就是要开拓自己的事业，只有认真去择业、大胆去创业，人生才其乐无穷。技术创业虽然不容易，但如果选对行业，又能坚持走下去，一定能见到胜利的曙光。

2.4.4 创新促创业作品实例4：一种减震拐杖

1. 所属技术领域

本实用新型属于拐杖技术领域，特别涉及一种减震拐杖。

2. 背景技术

现在市面上的拐杖分为两类，一类是老人使用的拐杖，这种拐杖为单根，老人走路不稳时会使用该类拐杖，另外一类是伤员使用的拐杖，短时走路不方便时会使用这类拐杖，这类拐杖为一副，在腋下使用。

不管使用哪一种拐杖，当拐杖落到地面时，都会对使用的人产生一股冲击力，而使用拐杖的人都是走路不方便的人，该股冲击力对于他们来说是一个不安全因素，会带来不好的体验。鉴于此，有必要提供一种更好的装置，以取代现在市面上的拐杖。

3. 发明内容

现有拐杖为一根直立的结构，当拐杖落到地面上时对使用的人有一股冲击力，为了解决这个问题，本发明提供一种通过在拐杖的根部添加缓冲器，缓解来自地面的冲击力，避免使用拐杖的人受到二次伤害。

4. 技术方案

本发明主要包括拐杖 1 的上部 1、拐杖 1 的根部 2、弹簧 3、拐杖 2 的上部 4、拐杖 2 的根部 5、滑动条 6、滑槽 7、弹簧 8、内孔 9，如图 2-4 所示。拐杖分为两种类型，一类为单根拐杖，适用于老人等长期走路不方便的人，即图中的拐杖 1；另一类拐杖适用于伤到脚的人员使用，是暂时使用的一类，即图中的拐杖 2。对于拐杖 1，在拐杖 1 的根部将拐杖分为两部分，即拐杖 1 的上部 1 与拐杖 1 的根部 2，在拐杖 1 的上部 1 与拐杖 1 的根部 2 中间添加一根弹簧 3，弹簧 3 具有较大的弹性，由胡克定律 $F=KX$ 可知，K 应较大，即劲度系数较大，可以防止老人在使用拐杖的过程中向下使力造成受力不稳，同时较大的劲度系数可以保证拐杖 1 的根部 1 关于弹簧 3 做上下弹回的同时不向四周偏转。

拐杖 2 是脚受伤的人员暂时使用的，伤员在使用拐杖的过程中，拐杖落到地面时产生的震感很容易对伤员造成二次伤害。将拐杖的下部分为两部分，即拐杖 2 的上部 4 与拐杖 2 的根部 5，在拐杖 2 的上部 4 的侧边有两条呈对称分布的滑动条 6，在拐杖 2 的根部 5 内部有一个内孔 9，在内孔 9 的侧边有两个呈对称分布的滑槽 7，滑动条 6 可以在滑槽 7 里滑动，在内孔 9 里面有弹簧 8，弹簧 8 连接拐杖 2 的上部 4 与拐杖 2 的根部 5。伤员使用安装了弹簧的拐杖，当拐杖落到地面上时，地面对拐杖的冲击力会通过弹簧 8 得到释放，同时弹簧 8 的劲度系数应该较大，保证伤员在使用过程中不至于滑动条 6 在滑槽 7 里滑动距离过大。

本发明的有益效果是：结构简单，使用方便，可以减轻震感，减轻手部麻木感；操作简单，构思新颖，制作成本低，易于推广，需要使用的人员多。

5. 附图说明

下面结合图 2-4 对本发明做进一步说明，

图 2-4（a）是本发明拐杖 1 的西南等轴测图。

图 2-4（b）是本发明拐杖 1 的东南等轴测图。

图 2-4（c）是本发明拐杖 1 的减震器的局部放大图。

图 2-4（d）是本发明拐杖 2 的西南等轴测图。

图 2-4（e）是本发明拐杖 2 的东南等轴测图。

图 2-4（f）是本发明拐杖 2 的切面图的西南等轴测图。

图 2-4（g）是本发明拐杖 2 的切面图的东南等轴测图。

图 2-4（h）是本发明拐杖 2 的减震器的局部放大图。

6. 具体实施方式

如图 2-4 所示，拐杖分为两种类型的拐杖，一类适用于老人，为防止走路不稳的单根拐杖，还有一类适用于脚受伤的人，放在腋下使用。

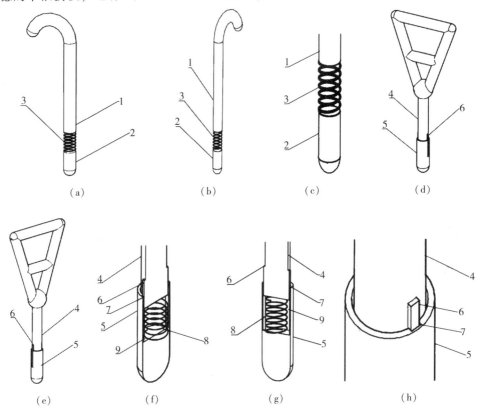

图 2-4　一种减震拐杖

1—拐杖 1 的上部；2—拐杖 1 的根部；3—弹簧；4—拐杖 2 的上部；5—拐杖 2 的根部；

6—滑动条；7—滑槽；8—弹簧；9—内孔。

（a）拐杖 1 的西南等轴测图；（b）拐杖 1 的东南等轴测图；（c）拐杖 1 的减震器的局部放大图；

（d）拐杖的拐杖 2 的西南等轴测图；（e）拐杖的拐杖 2 的东南等轴测图；（f）拐杖 2 的切面图的西南等轴测图；

（g）拐杖 2 的切面图的东南等轴测图；（h）拐杖 2 的减震器的局部放大图

　　适用于老人的拐杖即拐杖 1，通过将拐杖的下部分为两个部分，在中间添加一个弹簧来缓冲拐杖落到地面时来自地面的冲击力，以起保护作用。在拐杖 1 的上部 1 与拐杖 1 的根部 2 的中间添加一根弹簧 3，该弹簧 3 的两端深深地嵌入拐杖 1 的上部 1 与拐杖 1 的根部 2，弹簧 3 的劲度系数比较大，可以防止压缩距离过大的问题，保证老人在走路时的安全。

　　适用于脚受伤的人的拐杖，同样将拐杖的下部分为两个部分，即拐杖 2 的上部 4 与拐杖 2 的根部 5，拐杖 2 的上部 4 的侧边有两条呈对称分布的滑动条 6。在拐杖 2 的根部 5 的内部有一个内孔 9，在内孔 9 的侧边有两个呈对称分布的滑槽 7，滑动条 6 放在滑槽 7 里面，可以来回滑动。在内孔 9 中有弹簧 8，弹簧 8 上部与拐杖 2 的上部 4 相连，弹簧 8 的下部与拐杖 2 的根部 5 相连，构成拐杖 2 的减震环节。当拐杖落到地面的时候，来自地面的冲击力会通过内孔 9 里的弹簧 8 得到缓冲。

　　弹簧 3 与弹簧 8 的劲度系数比较大。弹簧 3 的上端与拐杖 1 的下部 1 固定，弹簧 3 的下端与拐杖 1 的根部 2 固定；弹簧 8 的上端与拐杖 2 的下部 4 固定，弹簧 8 的下端与拐杖 2 的根部 5 固定。

★链　接

国家相关政策

　　2013 年，国务院发布了《国务院关于加快发展养老服务业的若干意见》（简称《意见》），《意见》从国家战略高度和不同方面提出完善养老服务配套体系的措施。

　　《意见》指出，从国情出发，把不断满足老年人日益增长的养老服务需求作为出发点和落脚点，充分发挥政府作用，通过简政放权，创新体制机制，激发社会活力，充分发挥社会力量的主体作用，健全养老服务体系，满足多样化养老服务需求，努力使养老服务业成为积极应对人口老龄化、保障和改善民生的重要举措，成为扩大内需、增加就业、促进服务业发展、推动经济转型升级的重要力量。

　　7. 技术创业看技术

　　从以上的专利技术背景及国家相关激励政策中，我们不难发现，老年用品市场前景广阔。为此，开发老年用品有着良好的市场前景和收益，国家也鼓励开发老年用品，并出台了很多优惠政策。

　　创业难在对项目的选择。减震拐杖是专利技术，该技术仍属小机械、小电子、小装置的"三小"用具，制造、拼装简单，非常适合大学生及小企业生产。除此之外，它还可在原基础上增加一些新功能，如手电筒、收音机、自动定位等，从而成为多功能手杖。

还可利用互联网平台，通过网络宣传、销售该专利产品，还可与当地企事业单位的工会、老干办、军转办、老年协会合作，打开市场。

2.4.5 创新促创业作品实例5：一种旅行洗衣机

1. 所属技术领域

本发明属于洗衣机技术领域，特别涉及一种旅行洗衣机。

2. 背景技术

出门在外，带很多衣服会不方便，这时没有一个小巧轻便的洗衣机很不方便。现在市面上有几款旅行洗衣机，但是由于其所采用的清洗技术，洗衣机的寿命较短，同时没有烘干衣服的功能。所以如果可以有一款带烘干功能的便携式洗衣机，将会大大方便旅行生活。鉴于此，有必要提供一种更好的装置，来解决旅行洗衣的问题。

3. 发明内容

为了解决现有的旅行洗衣机采用摩擦洗衣模式，清洗不干净，且巨大的摩擦导致洗衣机的使用寿命较短，同时没有自动烘干的问题，本发明提供一种采用超声波清洗方式，同时带有电加热自动烘干功能的旅行洗衣机，实现旅行过程中每天都可以有干净衣服的目的。

4. 技术方案

本发明主要包括电源1、机体2、口3、开关4、电阻丝5、超声波发生器6、变压器7、整流电路8、稳压电路9、直流电源10、多谐振荡电路11、功率放大电路12、压电陶瓷片13，如图2-5所示。机体2为不透水布料制作，内表面有反射超声波材料层，在反射超声波材料层下面是电阻丝5。口3为塑胶夹，可以封起来。

超声波发生器6在机体2底部，开关4为一个三向开关，当开关4的开关键停留在第一个位置时，电路不工作，当开关4的开关键停留在第二个位置时，超声波发生器6的电路被接通，超声波发生器6开始工作，从电源1进来的电被接到变压器7上，经过降压后通过整流电路8将交流电转变为直流电，再通过稳压电路得到稳定的直流电源10，将稳定的直流电源10接入多谐振荡电路11，带动压电陶瓷片13产生超声波所需要的谐振频率，功率放大电路12将大能量的高频电输送给压电陶瓷片13，压电陶瓷片13发射出超声波，将超声波向机体2内发射，使口3处于关状态，这样超声波就可以开始清洗衣服了。

当开关 4 的开关键停留在第三个位置时，超声波发生器 6 断开，电阻丝 5 接通，此时洗衣机处于烘干模式，电阻丝 5 开始发热，使机体 2 内部温度升高，但是在设计时需要通过电阻值进行控制，使温度保持在 60 ~ 80℃，在烘干衣服过程中，需要将口 3 敞开。

旅行洗衣机中超声波发生器 6 可以做得很小，电阻丝 5 为柔性电阻丝，方便折叠弯曲，机体 2 为不透水布料制作，内表面为反射超声波材料层。

本发明的有益效果是：体积较小，可以折叠弯曲，方便携带，适合自驾游和到各个风景名胜点游玩的游客使用，且操作简单，方便适用。

5. 附图说明

下面结合图 2-5 对本发明做进一步说明。

图 2-5（a）是本发明的外观西南等轴测图。

图 2-5（b）是本发明的外观东南等轴测图。

图 2-5（c）是本发明 A—A 截面的西南等轴测图。

图 2-5（d）是本发明 A—A 截面的局部放大图。

图 2-5（e）是本发明的控制电路图。

图 2-5（f）是本发明的电阻丝电路图。

图 2-5（g）是本发明的超声波发生器电源转换图。

图 2-5（h）是本发明的超声波发生器超声波产生电路图。

6. 具体实施方式

如图 2-5 所示，旅行洗衣机的机体 2 为主要结构，机体 2 为一个空的不透水布袋，内表面有反射超声波材料层。在材料层下面有电阻丝 5，电阻丝 5 为网状结构，当电阻丝 5 工作时，可以加热机体 2 内部，使机体 2 内部的温度升高，将里面的湿衣服烘干。在机体 2 内表面底部有超声波发生器 6，超声波发生器 6 与电阻丝 5 为并联结构，但不同时工作，由开关 4 控制。

开关 4 为三向开关，当开关 4 的开关键停留在第一个位置时，超声波发生器电路与电阻丝电路都没有接入电路中，此时洗衣机不工作；当开关 4 的开关键停留在第二个位置上时，超声波发生器电路接通，由电源 1 进来的电接到变压器 7 上，变压器 7 将市电降压后得到的低压电经过整流电路 8 与稳压电路 9 变为稳定的直流电，得到的直流电源 10 接入到多谐振荡电路 11，产生高频谐振波，高频谐振波通入功率放大电路 12，对高频谐振波进行功率放大，将经过功率放大的谐振波通入压电陶瓷片 13，压电陶瓷片 13 经过电致伸缩效应产生超声波，超声波进入机体 2 内部，机体 2 内部有水和待洗的衣服，超声波在水中由于空化泡破灭时产生的强大冲击波，将衣服上的泥垢震落，达到清洗干净的目的。清洗衣服时，需要将口 3 封起来。口 3 为塑胶夹，当烘干衣服时，需要将口 3 敞开。

当开关 4 的开关键停留在第三个位置上时，电阻丝 5 所在电路被接通，电阻丝 5 处于加热状态，使机体 2 内部温度升高，对湿衣服进行烘干操作。

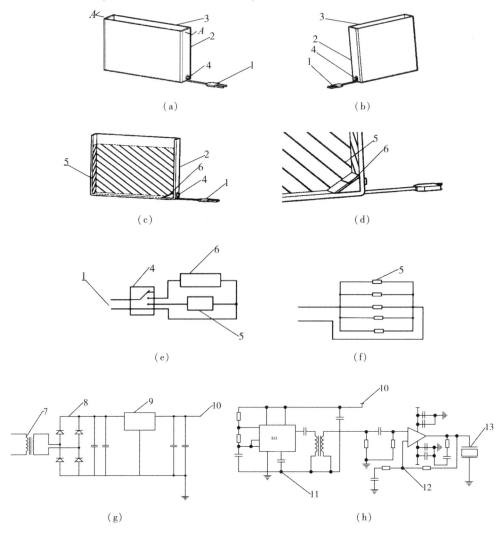

1—电源；2—机体；3—口；4—开关；5—电阻丝；6—超声波发生器；7—变压器；8—整流电路；
9—稳压电路；10—直流电源；11—多谐振荡电路；12—功率放大电路；13—压电陶瓷片。

图 2-5　一种旅行洗衣机

（a）西南等轴测图；（b）东南等轴测图；（c）A—A 截面的西南等轴测图；

（d）A—A 截面的局部放大图；（e）控制电路图；（f）电阻丝电路图；

（g）超声波发生器电源转换图；（h）超声波发生器超声波产生电路图

7. 技术创业看技术

该技术解决了旅行途中的洗衣难题,且操作简单,方便适用。开发、生产该专利技术及产品有极大的市场潜力,关键是能不能发现商机。

2.4.6 创新促创业作品实例6:一种制冷杯子

1. 技术领域

本实用新型属于饮用水杯技术领域,特别涉及一种制冷杯子。

2. 背景技术

现在人们的水杯各式各样,功能也各有不同,有一般功能的,有保温功能的,有制冷功能的,也有兼具加热和制冷功能的。目前,车载制冷杯的原理为二极管制冷,有时候不能起很好的制冷效果,同时制冷速度不快。鉴于此,有必要提供一种更加简单便捷快速的制冷杯。

3. 实用新型内容

为了解决现有制冷杯制冷效果不理想、不简单便捷的问题,本实用新型提供一种可以实现快速制冷的杯子。

4. 技术方案

本实用新型主要包括杯身1、铜层2、杯底3、出气口4、进气口5、电源接口6、开关7、扇叶8、电机9、铜栅栏10,如图2-6所示。制冷杯主要包括杯身1与杯底3,杯身1用来装水,在杯身1内部有一层铜层2,铜层2为附着在杯身1内表面的一个薄层,在铜层2底部是铜栅栏10,铜栅栏10为凸起的条状结构,目的是增大接触面,方便铜层2将杯子里水的热量传递出来,然后利用电机9转动,带动扇叶8转动,利用高速空气流动将铜栅栏10里的热量带出杯子。冷空气从进气口5被扇叶8吸入杯子底部,经过铜栅栏10之间的间隙,带走铜栅栏10的热量,变为热空气,从出气口4流出杯子底部。电机9位于杯底3里面,杯底3与杯身1之间通过螺纹连接在一起。在杯底3上有电源接口6与开关7,电源接口6为一个微型USB接口,通过微型USB接口向电机9供电,使电机9转动,带动扇叶8转动,加快杯底3内部的空气流动,将铜栅栏10里面的热量带走,从而实现快速制冷的目的。

本实用新型的有益效果是:操作简单,使用方便快捷,简单小巧,成本低,安全好用。

5. 附图说明

下面结合图2-6对本发明做进一步说明。

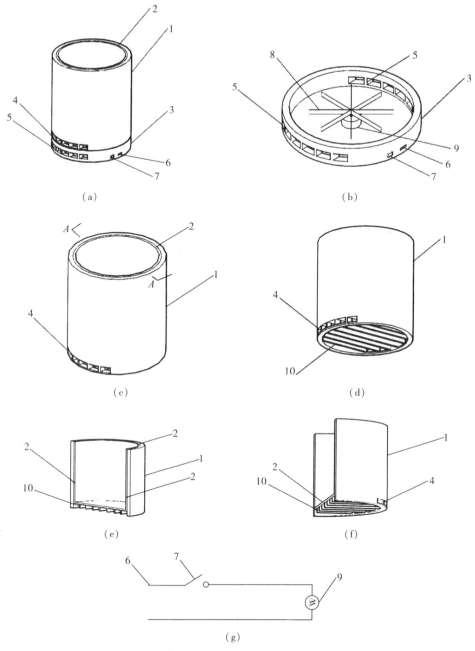

1—杯身；2—铜层；3—杯底；4—出气口；5—进气口；6—电源接口；

7—开关；8—扇叶；9—电机；10—铜栅栏。

图 2-6　一种制冷杯子

（a）整体的西南等轴测图；（b）杯底的西南等轴测图；（c）杯身的西南等轴测图；（d）杯身的仰角图；

（e）A—A 截面的西南等轴测图；（f）A—A 截面图的仰角图；（g）电路工作原理图

图 2-6（a）是本实用新型整体的西南等轴测图。

图 2-6（b）是本实用新型杯底的西南等轴测图。

图 2-6（c）是本实用新型杯身的西南等轴测图。

图 2-6（d）是本实用新型杯身的仰角图。

图 2-6（e）是本实用新型 A—A 截面的西南等轴测图。

图 2-6（f）是本实用新型 A—A 截面图的仰角图。

图 2-6（g）是本实用新型的电路工作原理图。

6. 具体实施方式

如图 2-6 所示，杯子主要包括杯身 1 与杯底 3 两个结构，杯身 1 用来装水，杯底 3 用来散热，从而实现快速制冷杯子里的水的目的。在杯身 1 内表面是一层铜层 2，在杯身 1 底部的铜层 2 上有凸起的条状结构，即铜栅栏 10，铜栅栏 10 的目的是增大铜层 2 与空气的接触面积，方便扇叶 8 转动时将热量带出杯底 3，使铜层 2 冷却下来，达到制冷杯内液体的目的。电源接口 6 为一个微型 USB 接口，通过数据线可以与充电宝、充电器等电源连接起来，将电能供应给电机 9，使电机 9 转动，从而带动电机 9 上的扇叶 8 转动，使杯底 3 内部的空气加速流动，冷空气从杯底 3 上的进气口 5 流进杯底 3，冷空气在扇叶 8 的带动下流经铜栅栏 10，杯内液体的热量经过铜层 2 将热量传递给铜栅栏 10，冷空气带走铜栅栏 10 上的热量，变成热空气，热空气从杯身 1 底部的出气口 4 流出杯底 3，从而完成制冷杯内液体的目的，使液体可以快速制冷。开关 7 位于电机 9 与电源接口 6 之间，控制电机 9 的电源。

杯身 1 的外表面为绝热材料，杯身 1 的内表面为一层铜层，铜栅栏 10 为凸起的条状结构，杯底 3 与杯身 1 通过螺纹连接在一起。电机 9 与扇叶 8 为一般市面上的小型无声风扇。

★链 接

创业十多年拥有，400 多项专利

老家东北、留学日本、创业浙江，科研人员、跨国企业高管、创业者，三段不同的经历，给姚力军留下了鲜明的性格特征，既有东北人的快人快语，又有知识分子的儒雅思辨，更有创业者的务实精干。

1994 年，已经获得哈尔滨工业大学工学博士学位的姚力军获得奖学金，赴日本国立广岛大学攻读第二个博士学位。那时的他已经在国内创办了自己的公司，从事与计算机行业相关的销售与服务。"当时国内销售的产品几乎都来自国外发达国家，我一直在想，这种芯片为什么我们自己做不出来？"姚力军渐渐有了一个无法抑制的念头：到国外亲眼看看，全世界最好的芯片到底是怎么做出来的。

三年后，姚力军在广岛大学获得了第二个博士学位，并进入一家全球500强企业工作。经过几年艰苦打拼，姚力军从一名普通的研发工程师成为这家跨国公司电子材料事业部的大中华区总裁。

2004年11月，姚力军在余姚参加中国塑料博览会，受到了当地的热情接待。"宁波正在规划发展新材料产业，来余姚创业吧，我们将提供最好的政策支持和最优的服务。"余姚市领导的盛情邀请，让姚力军心动。面对国内巨大的市场需求及技术、产业空白，姚力军开始重新规划自己的人生，决定回国创业，为国家填补空白。

2005年夏天，姚力军和多名博士、专家来到余姚，创办了宁波江丰电子材料股份有限公司（简称"江丰电子"），从事半导体溅射靶材的研发和产业化。2005年年底，江丰电子第一个超高纯金属材料及溅射靶材产品成功下线。自此中国成为全球第三个可以生产这一产品的国家。

江丰电子的机遇在2011年到来。2011年3月，日本关东地区地震，大量半导体工厂、靶材工厂停产，全球半导体产业供应链面临断货风险。原来试用或使用江丰产品的国际公司，纷纷找上门来要求增加订单。江丰电子日夜加班、全力供货，缓解了全球半导体制造企业的原材料短缺。此后，许多之前持怀疑态度的国际公司主动上门寻求合作，江丰电子的发展驶入快车道。

从2005年至今，江丰电子的溅射靶材完成了近十次革新，实现16纳米技术节点靶材的产业化和批量供货。江丰电子拥有500多人、平均年龄只有28岁的科研团队，拥有超过400项专利，制定了11项国家、行业标准，掌握了包括多种金属及覆盖靶材制造全工艺流程的超高纯金属溅射靶材制备加工的自主知识产权。

创业以来，姚力军不仅成为掌握超高纯金属及电子材料核心技术的世界级权威，他一手创办的宁波江丰电子材料股份有限公司也成为我国规模最大、技术最领先、设备最先进的半导体工业用溅射靶材专业研发企业，产品成功打入全球280多个半导体芯片制造工厂，成为众多世界著名芯片公司的供应商，iPhone的核心处理器，奥迪、雷克萨斯、丰田等汽车的车载芯片等都有江丰电子的"身影"。

7. 技术创业看技术

从技术而言，该项专利还可在外观设计上做文章，增加动感元素、丰富色差，增强时代感，尽可能用当前倡导的智能家电去完善产品的性能，给消费者提供更多的选择。

如果我们开一家制冷杯子专卖店，专门作为全国各种会议、各级创新创业大赛、各行业技术技能大赛、各种产品评优、各种优秀人才表彰的奖品、礼品、纪念品，一定有市场。

创业其实首先是创新，关键看你有没有创新的思想。如果有一个真正属于自己的创新点，那么可以考虑将创新的想法、创业能力或市场的接纳能力相结合，开拓一片属于自己的天地。

思考题

1. 现有创业的方法你认同吗？有改进的地方吗？你还能列举其他方法吗？
2. 你清楚自己属于创业人群中的哪一种人吗？如果你创业，该走哪条路？
3. 你能从新领域中找到谋生之路而选择创业吗？
4. 所谓的技术创业是指从自然界中寻找新的技术吗？
5. 你修的专业课与"中国智造"有关吗？你怎么看待"中国智造"？

第 3 章

创新创业

3.1　企业创新的内容和意义

创业之初，创业者往往以为是一条笔直的成功大道，而太多"出师未捷身先死"的案例让人们知道，真正的创业之路都是布满荆棘的奋斗之路。

创业的痛点主要分为市场、企业与资本三个方面，包括创业主体角色错位、创业战略缺乏清晰定位、创业体系缺乏整体规划和设计、创业平台缺乏、创业文化零散、企业不重视管理创新、创新高端人才稀缺、资本追逐短期利益等。

3.1.1　企业要创新

早在 1912 年，美国哈佛大学教授熊彼特指出："创新是指把一种新的生产要素和生产条件的'新结合'引入生产体系。"创新促进经济增长和发展的论断为后来的经济理论发展奠定了基础。

1. 企业生存需要创新

"不创新就会被淘汰"是很多成功企业所奉行的信条。创新不是一种时尚，而是生存与发展的需要。当今时代，生存是经营企业的至高境界，而企业生存就需要创新。

企业在参与市场活动的过程中，每一次消费者消费习惯的改变或者渠道承受能力和选择性的改变，都要求企业迅速适应这种变化，并马上作出积极的反应。

历史经验不止一次表明，反应越快的企业，存活的概率越高，竞争力越强；反之，则会被市场淘汰。

2. 企业发展需要创新

企业需要发展，发展是企业经营永恒的主题，发展一方面是扩大企业的规模，更重要的一方面是提升企业的经营品质，耗用最少的资源，产生最大的回报。发展如同一个人的成长，会面临各种各样的瓶颈与难题，在这种情况下需要用创新的办法来解决。

在市场竞争异常激烈的今天，企业只有创新，不断产生新的产品，才能抢占市场先机，在市场竞争中占据有利地位，为企业带来丰厚的利润回报。如果没有创新，故步自封，仅依靠现有产品参与市场竞争，夜郎自大、坐井观天，满足于狭小的一片天空，必然会因为市场的变化而被淘汰。

企业的市场经营行为是一项长期而复杂的系统化工程，企业想要保持基业长青，必然要不断探索，不断创新。

3.1.2 企业创新的内容

创新包含有形的物体创新和无形的思想创新，主要可分为以下三部分内容。

1. 技术创新

技术创新是通过技术摸索、革新，制造出更适应市场的产品。技术创新可以大大提升企业生产效率，更好地维持设备和材料的高利用率和低损耗。作为硬件方面的创新，技术创新是提供市场有形产品及服务产品的一个重要保证。这是一般企业追求的创新，也是最基础的创新行为。

2. 体制创新

当基础的创新达到一定的程度时，必须有一套与之相匹配的管理体系来将技术创新的成果进行市场转化，完成从生产车间到消费者手中的传递，获得最终的利益。

在这个过程中，企业要进行创新的，不仅包括企业内部的管理体制，还包括市场经营方面。

3. 思想创新

思想创新，就是树立一种行业的典范，从而在有效区分其他企业的同时，形成一种行业、市场或产品模式的垄断。它既包括产品的质量标准体系，也包括市场操作的方向、方式、方法、资源配置、格局等。

3.1.3 创新对企业的重要性

企业进行创新后，所取得的成果可以为企业带来优势与竞争力，对企业的发展产生了重要作用。

1. 顺应市场发展

一切围绕市场的有形物品和无形思想必须适应市场的发展，只有这样才可以保持市场竞争力。企业随时关注市场动态，创新产品，生产迎合市场或开发市场需求的产品，才能保持市场竞争力。

2. 保证企业盈利空间

企业打破原有模式，实施创新行为，目的就是有效适应市场发展趋势，最终得到企业的持续发展。也就是说，企业创新的根本目的是保证企业市场经营活动的持续盈利。

3. 优化企业内部和外部

每次有针对性的创新，都是对企业内部组织关系、市场布局、人员状况、产品结构、营销模式等方面的优化。这样的优化只有获得市场的认可和达到企业的理想状态，才能取得创新行为的成功。因而，创新的整个过程也是对企业内部和外部的一种优化行为。

3.2 企业要鼓励员工创新

创新是企业很重要的一部分，它为组织的实施和过程管理提供必要的支持和保障。越来越多的公司认识到了创新的重要性，跨国企业每年的研发投入高达数十亿美元，主要用于支持自己的研发机构和团队的创新实践，使企业保持创新活力，在市场竞争中占据优势地位。

3.2.1 企业要鼓励创新

1. 创新对企业的作用

近些年来，华为、海尔、联想等大公司加大了研发的投入，中小企业也不断进行技术创新，以在市场竞争中获取高效益、高回报。没有创新就没有竞争力，创新是衡量一个企业能否在现实中长期生存的重要指标，是在竞争中取得胜利的法宝。创新是社会未来发展的需要，创新是一个企业的灵魂所在。在公司兴盛与衰败的进程中，创新起决定性的作用，不管是技术方面还是管理方面的创新，都是企业发展不可缺少的重要内容。

苹果、华为的成功，可以说是创新的结果。今天市场上无数的新产品、新商业模式，以及社会的进步，都源于不断的创新。

企业要生存、发展，就必须鼓励员工创新，为组织增加更多的活力，更好地改善工作环境，促进企业的进一步发展，让工作变得更有意义，使企业在激烈的市场竞争中立于不败之地。很多管理者知道员工创新的重要性，不断努力使员工的生产效率或创意得到提升。如果员工提出的创意或想法无论好坏都没有得到管理者的反馈，或管理者没有认真思考就拒绝，这将打击员工的创新激情。因此，企业应采取办法来鼓励员工创新。

2. 创新与企业家精神

创新是企业家精神的内核。企业家通过产品创新、技术创新、市场创新、组织形式创新等，从创新中寻找新的商业机会，在获得创新红利之后，继续投入、促进创新，形成良性循环。

3.2.2 鼓励员工创新的办法

1. 营造创新的企业文化氛围，为员工树立榜样

企业文化对员工的价值观有潜移默化的影响，是影响员工思想的重要因素，管理者可以营造创新的文化氛围，用价值观来影响员工。同时，管理者可以用自己的行动来告诉员工创新的重要性，让员工知道公司非常注重创新的价值。

3M 公司的知识创新秘诀之一就是创造一个有助于创新的内部环境，建立有利于创新的企业文化，公司文化突出表现为鼓励创新的企业精神，包括尊重个人的首创精神，不得扼杀一个新产品的创意，鼓励员工发挥主观能动性等。3M 公司曾经是"全球最佳表现 50 强"之一、"全球最具创新精神的 20 家公司"之一。

2. 释放员工智慧，搭建创新的平台

最了解工作内容的一线员工是最清楚问题的，所以要给员工思考的空间，激发员工的热情和参与感，让员工有机会、有渠道表达自己的想法，搭建不受层级和部门阻碍的创新平台。

3. 给予员工创新的奖励，并给予试错的机会

创新需要尝试，不可能员工提的创意都是符合实际情况并能够实行的，所以需要企业给予试错的机会并包容。想要更好地激发员工的创新动力，应给予员工

更多的机会去大胆地表达，也可以用一些合适的奖励措施来进行表扬和激励，如现金奖励、带薪假期、升职加薪、产权奖励或公开的认可奖励等。

★案例赏析

企业需要创新型员工

孔祥瑞是当代产业工人的优秀代表，是开拓创新、岗位成才的突出典型。"知识型产业工人""蓝领专家""港口工人的坐标""排障专家"等是人们对天津港（集团）公司煤码头有限责任公司操作一队队长孔祥瑞的称谓。作为天津港一位普通的技师，孔祥瑞在工作中敢于拿港口的洋设备"开刀"，主持开展技术革新130多项，两次被评为"全国劳动模范"，两次荣获"天津市特等劳动模范"称号。

许振超于1974年进入青岛港工作，能证明他文化水平的就是一张初中毕业证书。在30多年的工作经历程中，许振超从装卸工、门机司机到技术工人，再到技术能手、技术专家。他始终把学习作为第一需要，努力学习新知识，刻苦钻研新技术，是学习型、创新型的现代技能工人。他大胆进行技术创新和管理创新，形成了一整套科学规范的管理体系，带出了一支技术精、作风硬、效率高的优秀团队，创造出一流的工作业绩。

【点评】

企业创新创业究竟靠什么？靠人才，特别是创新型人才。企业缺创新型人才，也就缺创新。

3.2.3 工匠精神

1. 工匠精神的定义

工匠精神是指工匠不仅要有高超的技艺和精湛的技能，还要有严谨、细致、专注、负责的工作态度和精雕细琢、精益求精的工作理念，以及对职业的认同感、责任感、荣誉感和使命感。工匠精神在每个国家有不同的说法，德国人称为"劳动精神"，美国人称为"职业精神"，日本人称为"匠人精神"，韩国人称为"达人精神"。

支撑日本制造领先世界的源动力就是"匠人精神"。用日本人自己的话说就是"追求自己手艺的进步，并对此持有自信，不因金钱和时间的制约扭曲自己的意志或妥协，只做自己能够认可的工作"。据统计，2013年全球创立超过200年的企业，日本有3 146家。日本的"匠人"，最典型的气质是对自己的手艺拥有自尊心，并为此不惜代价，但求做到精益求精。在日本，对于一个行业的顶级人物，可以称其为"巨匠"。

古语云："玉不琢，不成器。"工匠精神不仅体现了对产品精心打造、精工制作的理念和追求，更要不断吸收最前沿的技术，创造出新成果。在我国几千年文明史中，工匠精神源远流长，巧夺天工、匠心独运、技近乎道等都是对这种精神的高度概括。

纪录片《大国工匠》讲述了我国的工匠缔造的奇迹。这些工匠之所以走入镜头，并不是因为有多么高的学历、收入，而是能够数十年如一日地追求职业技能的极致化，靠着传承和钻研，凭着专注和坚守，缔造了一个又一个的"中国制造奇迹"。

★案例赏析

张冬伟——沪东中华造船厂焊工

张冬伟，沪东中华造船（集团）有限公司（简称沪东中华造船厂）总装二部围护系统车间电焊二组班组长。进厂 10 余年，他成长为高级技师、工厂骨干，获得"全国技术能手"称号、中央企业职业技能大赛焊工比赛铜奖等荣誉。

有着众多头衔的张冬伟，是个"80 后"。2005 年，张冬伟被选为沪东中华造船厂 LNG 船（液化天然气船）焊接培训的首批 16 名骨干之一。LNG 船是国际上公认的高技术、高难度、高附加值的"三高"船舶，被誉为"造船工业皇冠上的明珠"，其建造技术以往只有欧美和日韩等发达国家的极少数船厂掌握。凭借着不懈的努力和付出，张冬伟成功通过国际专利公司 GTT 的严格考核，成为中国 16 个掌握这项焊接技术的工人之一。

孟剑锋——国家高级工艺美术技师

孟剑锋是北京工美集团的一名錾刻工艺师，他用纯银精雕细琢錾刻的"和美"纯银丝巾，在北京 APEC 会议上，作为国礼之一赠送给外国领导人。

在一个老厂房里，孟剑锋和其他技工一起，熔炼、掐丝、整形、錾刻，敲击不同的錾子，在金属上留下不同的花纹，一件件精美的作品就这样在他们手里诞生。

錾刻是我国一项有近 3 000 年历史的传统工艺，它使用的工具叫錾子，上面有圆形、细纹、半月形等不同形状的花纹。工匠敲击錾子，就会在金、银、铜等金属上錾刻出千变万化的浮雕图案。

追求极致，是孟剑锋的标准。从业 20 年来，他追求极致，对作品负责，对口碑负责，对自己的良心负责，将诚实劳动内化于心。

宁允展——青岛四方机车高级技师

宁允展出身工匠家庭，是南车青岛四方机车车辆股份有限公司（简称青岛四方机车）车辆钳工高级技师，中国南车技能专家。在身为工匠的父亲的熏陶中，宁允展从小就喜欢动手修理东西。

宁允展出身钳工，但他自学了焊工、电工，是高速列车转向架生产的多面手。突破常规、寻找更好的方式方法解决问题，这是他工作中坚持的原则。宁允展善钻研、爱钻研的性格让他不断承接公司大量颇具实效性和针对性的生产制造攻关课题项目。

立足岗位主动工作，解决多部门无法解决的难题，是宁允展的工作理念。宁允展的理念是"工匠就是凭手艺吃饭"。2012年，他在家自费购买了车床、打磨机和电焊机，将家里30多平方米的小院，改造成了一个小"工厂"，成为他业余时间钻研新工装、发明新方法的第二厂房。凭借这种创新创造、探索不止的劲头，宁允展成为企业当之无愧的先锋。

周东红——中国宣纸股份有限公司高级技师

周东红是一位扎根宣纸生产一线岗位整整30个年头的捞纸工人。30年里，周东红一边向老师傅请教传统技艺，一边摸索改进造纸技术。他尝试以塑料代替芒秆，获得成功。他还为捞纸机械划槽、纸药桶替换等技术献计献策，先后培养了20余名技术骨干，为宣纸技艺传承作出重要贡献。乾隆贡宣、非物质文化遗产纪念宣、香港回归纪念宣等珍贵的宣纸出自他之手。2015年，他荣获全国劳模称号，入选全国首批八名"大国工匠"。

【点评】

上面故事中的人物平凡而伟大。工匠精神与企业家精神被写入政府工作报告，报告提出，要大力弘扬工匠精神，厚植工匠文化，恪尽职守，崇尚精益求精，培育众多"中国工匠"，打造更多享誉世界的"中国品牌"，推动中国经济发展进入质量时代。

2. 工匠精神的特质

人们的求学观念、就业观念及单位的用人观念会随着时代变化而转变，工匠精神成为普遍追求，工匠们喜欢不断雕琢自己的产品，不断改善自己的工艺，享受产品在自己双手中升华的过程。概括起来，工匠精神就是追求卓越的创造精神、精益求精的品质精神、用户至上的服务精神。工匠精神应有以下特点。

（1）精益求精。注重细节，追求完美和极致，不惜花费时间、精力，孜孜不倦，反复改进产品，把 99% 提高到 99.99%。

（2）严谨、一丝不苟。不投机取巧，确保每个部件的质量，对产品采取严格的检测标准，不达要求绝不轻易交货。

（3）耐心、专注、坚持。不断提升产品和服务。真正的工匠在专业领域不会停止追求的脚步，无论是材料、设计还是生产流程，都在不断完善。

（4）专业、敬业。工匠精神的目标是打造本行业最优质的、其他同行无法匹敌的卓越产品。

（5）淡泊名利。用心做一件事情，这种行为来自内心的热爱，源于灵魂的本真，不图名、不为利，只是单纯地想把一件事情做到极致。

3.3　发挥员工爱岗敬业的积极性

随着市场经济的发展，企业要想在激烈的竞争中立于不败之地，根本途径就是发挥员工爱岗敬业的积极性。企业的竞争归根到底是人的竞争，加强员工爱岗敬业的积极性才是企业增强核心竞争力的根源。

3.3.1　员工爱岗敬业的重要性

在信息时代，企业管理知识和管理模式较多，但发挥员工爱岗敬业的积极性，使人才成为企业发展的持久动力是根本。企业要找到最佳的管理模式，就需要企业根据人的本性去思考。只有真正建立以人为本的观念，把企业的愿景与员工的梦想有机地结合，并且加强引导员工的思想教育，重视培养他们的实践能力，指导其树立正确的人生观、世界观和价值观，帮助他们实现人生的理想，为员工创造有利的环境，使员工自觉地与企业的发展产生互动，让员工得到人性的尊重，才是提高员工爱岗敬业的积极性、让企业长足发展的重要途径。面对日益复杂的人才竞争趋势，企业应该牢固树立"人是第一资源，是最宝贵、最重要资源"的观念，努力创新和提升人才队伍建设与开发，创新和提高领导艺术方式，才能培养和教育出一支能积极主动打硬仗的优秀团队，才能保证企业在激烈的竞争中立于不败之地。

3.3.2　发挥员工的爱岗敬业的积极性，应从最基本的人性需求思考

关于人性的需求，有两大理论，一是美国心理学家马斯洛提出的"基本需求层次理论"，二是美国的行为科学家赫茨伯格提出来的"双因素理论"。随着物质

条件的满足，每个人最终都想达到马斯洛所述的自我实现的需要，也就是人尽其才、物尽其用，满足自我价值的实现，达到人生的奋斗目标，从而受到其他人的尊重。

企业一定要科学合理地利用各类人才，把合适的人放在适合的岗位上，让其发挥个人的最大潜能和效用，也就是施展出"冰山"下潜藏的才华，才能激发员工对工作的热情。

3.3.3 理解、激励与沟通是发挥员工积极性的源泉

随着社会的飞速发展、科技的不断进步，全球的竞争日益激烈，每个企业都认识到发挥员工爱岗敬业的积极性、开发高素质人才是重中之重，是企业能否发展和延续的原动力，尤其对于现代企业的智力资本而言，是最重要的环节。

（1）在企业做大做强时，靠的是员工的积极投入，没有员工的努力就难以推进工作的全面开展，企业就无法应对纷繁复杂的市场竞争。要发挥员工的积极性，首先就要体现对员工人格的尊重，建立创新、长效的人才选拔机制，一定要公平、公正、公开、不拘一格地选拔各类优秀人才，将他们放在最需要、最合适的岗位上。把"以人为本"的理念落实到各项具体工作中，切实体现对员工的尊重，赢得员工对企业的忠诚。

（2）发挥员工的积极性，就要建立健全以绩效考核为导向的激励机制，完善企业的管控体系，满足员工自爱自尊和自我成就的需要，鼓励他们提高自身的价值和能力。不论是企业内部培养的，还是从外部招聘的人才，都要敢于在人才培养上加大投入，在做好人力资源规划的基础上注重为各类人才提供施展才华的平台、升值的空间、提升的机会，拓宽他们的职业生涯通道。只有把员工的利益放在首位，才能激励员工爱岗敬业。只有把员工的利益纳入管理者首先考虑的工作，对不同阶段员工需求状况作出科学的调研，在企业发展规划中对人才开发与培养进行合理分析、认真规划，才能适应企业发展的需要。

（3）要确立物质激励和精神激励相结合的激励机制。企业要用各种有效的方法调动员工的积极性和创造性，使员工努力完成岗位工作，实现组织的整体目标。实行物质激励，应避免平均主义的分配方法，确定有效的激励方案，根据不同的工作、不同的岗位、不同的任务制定不同的制度，使员工安心工作。只有这样，员工才会把所有的精力和才华投入到最适合自己发展的工作中，从而为企业创造最大的价值，发挥爱岗敬业的热情。

（4）重视与员工的沟通。员工在企业工作，在维持生存的同时要实现自身的

价值。企业要广开言路，认真倾听员工的心声，让他们自由表达对所关注事物的看法，从而坚定员工爱企爱岗的决心，激励他们精益求精。员工是能创造价值的资本，要深入挖掘他们的潜力，发挥员工积极、主动和乐观的工作态度。注重引导职工，让员工知道"英雄有用武之地"。

结合马斯洛自我实现的需要，使员工实现自我价值最大化，正能量越多，提升和发挥员工爱岗敬业的效率也越高。从根本上解决企业最重要的人的问题，才能实现企业发展的终极目标。

人是社会经济活动的主体，是一切资源中最重要的一部分。企业发展一定要依靠人才、依靠员工，而要让员工爱岗敬业，最根本的途径是真正理解、尊重员工，并且以人为本，激发员工的积极性。全体成员上下一心，共同努力，才能达到跨越式的发展，使企业在激烈的市场竞争中立于不败之地。

艰难的任务能锻炼意志，新的工作拓展品性，企业是员工成长中的另一所学校，工作能够丰富经验，增长智慧。无论做什么工作，无论工作环境如何，员工都应该认真工作。其实，每一份工作都是一座宝贵的钻石矿，把每一件简单的事做好就不简单，把每一件平凡的事做好就是不平凡。

工作意味着责任，每一个职位所规定的工作任务就是一份责任，员工从事了这份工作就应该担负起这份责任。每个人都应该对所担负的责任充满责任感。其次，要有团队精神，团队是推动个人前进的最大力量。只有所有的员工对企业忠诚，才能发挥出团队的力量，推动企业走向成功。

企业的生存离不开少数员工的能力和智慧，更需要绝大多数员工的忠诚和勤奋。一个积极向上的团队能够鼓舞每一个人，一个充满斗志的团队能够激发每一个人的热情，一个时时创新的团队能够为每一个人创造力的研展提供足够的空间，一个协调一致、和睦相处的团队能给每一位成员良好的感觉。

★链　接

献身工作的比尔·盖茨——辉煌成就来自忘我工作

比尔·盖茨也许不是哈佛大学数学成绩最好的学生，但他在计算机方面的才能却无人可以匹敌。他的导师不仅为他的聪明才智感到惊奇，更为他那充沛的精力而赞叹。他说道："有些学生在一开始时便展现出在计算机行业中的远大前程。毫无疑问，盖茨会取得成功。"在阿尔布开克创业时期，除了谈生意、出差，比尔·盖茨就是在公司里通宵达旦地工作。有时，秘书发现他竟然就睡在办公室的地板上。

【点评】

雷锋为人民服务，成为世人榜样；比尔·盖茨用心去创业，作出了巨大贡献。而我们，赶上了自主创业的好时代。

3.4 与创新创业相关的国家政策

3.4.1 国家出台相关政策鼓励创新创业

2015年6月11日，国务院印发《国务院关于大力推进大众创业万众创新若干政策措施的意见》，发布30条政策措施，涵盖创新创业的政策、资金、产业、环境等方面，为创业者提供更有力的支撑。

1. 免费进行创业培训

目前，我国很多地方正在建立满足城乡各类劳动者创业需求的创业培训体系，逐步将所有有创业愿望和培训需求的劳动者纳入创业培训。对于参加创业培训的创业者，按有关政策规定，给予职业培训补贴；对于领取失业保险金，并且参加创业培训的人员，其按规定享受的职业培训补贴由失业保险基金支付。创业培训补贴逐步纳入职业技能培训补贴，标准由各地确定。

为了提高培训质量，各地定期组织开展创业教师培训进修、研讨交流活动，加强师资力量的培养和配备，提高培训水平。在教学方式上，采用案例剖析、知识讲座、企业家现身说法等方式，增强创业培训的针对性和实用性。此外，根据不同群体的不同需求，推广国外先进创业培训技术，比如引入欧洲模拟公司开展创业实训，不断提高创业成功率。

2. 优先安排创业场地

按照法律、法规规定的条件、程序和合同约定，政府允许创业者将家庭住所、租借房、临时商业用房等作为创业经营场所，尽可能地让创业者在创业过程中降低成本。同时，各级政府及国土、规划、城管等有关部门统筹安排劳动者创业所需的生产经营场地，做好基础设施及配套建设，优先保障创业场地。此外，有关政策规定，各地可在土地利用总体规划确定的城镇建设用地范围内建设创业孵化基地，或利用原有经批准的经济技术开发区、工业园区、高新技术园区、大学科技园区、小企业孵化园等建设创业孵化基地。

3. 信贷政策大力支持大学生创业

根据相关规定，登记失业人员、残疾人、退役士兵以及毕业2年以内的普通高校毕业生，均可按规定程序向经办金融机构申请小额担保贷款。

在贷款额度上，经办金融机构对个人新发放的小额担保贷款最高额度提高到 5 万元，妇联把妇女创业贷款提高到 8 万元，对符合条件的劳动密集型小企业的贷款最高额度提高到不超过 200 万元。

在国家层面上，中央财政综合考虑各地财政部门当年小额贷款担保基金的增长和代偿情况等因素，每年从小额担保贷款贴息资金中安排一定比例的资金，用于地方财政部门小额担保基金的奖补和小额担保贷款工作业绩突出的经办金融机构、担保机构、信用社区等单位的经费补助。

4. 减免行政税收

创业初期往往是最艰难的阶段，为此，国家出台了很多关于税费减免的政策。根据相关规定，凡从事个体经营的，自其在工商部门首次注册登记之日起 3 年内免收管理类、登记类和证照类等有关行政事业性收费。

减免项目包括中央和地方两个方面，中央方面具体包括法律、行政法规规定的收费项目，国务院以及财政部、发展改革委批准设立的收费项目，具体包括工商部门收取的个体工商户注册登记费（开业登记、变更登记、补换营业执照及营业执照副本）、个体工商户管理费、集贸市场管理费、经济合同鉴证费、经济合同示范文本工本费。同时，免收的费用还包括税务部门收取的税务登记证工本费，卫生部门收取的行政执法卫生监测费、卫生质量检验费、预防性体检费、卫生许可证工本费，民政部门收取的民办非企业单位登记费（含证书费），人力资源和社会保障部门收取的职业资格证书工本费，国务院以及财政部、发展改革委批准设立的涉及从事个体经营的其他登记类、证照类和管理类收费项目。

在地方层面，各省、自治区、直辖市人民政府及其财政、价格主管部门批准设立的涉及个体经营的登记类、证照类和管理类收费项目也有相应减免。

3.4.2 创新创业的新特点

在党中央、国务院的高度重视和大力支持下，近年来我国创新创业生态体系不断优化，创新创业观念与时俱进，出现了"众创"现象，带动创新创业愈加活跃、规模不断增大，效率显著提高。当前，我国创新创业呈现出五个新特点。

1. 创业服务从以政府为主到市场发力

现代市场体系的发展催生出一大批市场化、专业化的新型创业孵化机构，提供投资路演、交流推介、培训辅导、技术转移等增值服务。天使投资、创业投资、互联网金融等投融资服务快速发展，为创新创业提供了强大的资本推力。

2. 创业主体从"小众"到"大众"

伴随新技术发展和市场环境开放，创新创业由精英走向大众，出现了以大学生等90后年轻创业者、大企业高管及连续创业者、科技人员创业者、留学归国创业者为代表不同群体，越来越多人投身创业，创新创业成为一种价值导向、生活方式，充满时代气息。

3. 创业活动从内部组织到开放协同

互联网、开源技术平台降低了创业边际成本，促进更多创业者的加入和集聚。大企业通过建立开放创新平台，聚合创新创业者的力量。创新创业要素在全球范围内加速流动，跨境创业日益增多，技术市场快速发展，促进了技术成果与社会需求和资本的有效对接。

4. 创业载体从注重"硬条件"到更加注重"软服务"

创业服务机构由场地租赁、办理注册等基础服务，发展为投资路演、创业交流、创业媒体、创业培训、技术转移、法律服务等新业态，出现了创业大街等集聚各类创新要素的创业生态平台。

5. 创业理念从技术供给到需求导向

社交网络使企业结构趋于扁平，缩短了创业者与用户间的距离，满足用户体验和个性需求成为创新创业的出发点。在技术创新的基础上，出现了更多商业模式创新，改变了商品供给和消费方式。

3.4.3 新型孵化器是科技服务业发展的一支新兴力量

近年来，我国科技服务业快速发展，规模总量逐步扩大。科技服务业专业化、市场化发展趋势明显，在研究开发、技术转移、检验检测、创业孵化、知识产权、科技咨询、科技金融等领域涌现出一批第三方服务组织，科技服务业产业结构不断优化。总体来看，科技服务业发展呈现出"快、新、高"三大特点。

自2009年以来，在北京、深圳、武汉、杭州、西安、成都、苏州等创新创业氛围较为活跃的地区涌现出车库咖啡、创新工场、创客空间等近数千家新型孵化器。这些新型孵化器各具特色，产生了新模式、新机制、新服务、新文化，融合各种创新创业要素，营造了良好的创新创业氛围，成为科技服务业的一支新兴力量。这些孵化器大致可分为以下六种类型。

1. 投资促进型

这类孵化器针对初创企业最急需解决的资金问题，以资本为核心和纽带，聚集天使投资人、投资机构，依托其平台吸引优质的创业项目，主要为创业企业提供融资服务，并帮助企业对接配套资源，从而提升创业成功率。

2. 培训辅导型

这类孵化器侧重于对创业者的创业教育和培训辅导，以提升创业者的综合能力为目标，充分利用丰富的人脉资源，邀请知名企业家、创投专家、行业专家等作为创业导师，为企业开展创业辅导。

3. 媒体延伸型

这类孵化器是由面向创业企业的媒体创办的，利用媒体宣传的优势为企业提供线上线下相结合的，包括宣传、信息、投资等的综合性创业服务。

4. 专业服务型

这类孵化器依托行业龙头企业，以服务互联网企业为主，提供行业社交网络、专业技术服务平台及产业链资源支持，协助优质创业项目与资本对接，帮助互联网行业创业者成长。

5. 创客孵化型

这类孵化器是在互联网技术、硬件开源和 3D 制造工具基础上发展而来的，以服务创客群体和满足个性化需求为目标，将创客的奇思妙想和创意转化为现实产品，为创客提供互联网开源硬件平台、开放实验室、加工车间、产品设计辅导、供应链管理服务和创意思想碰撞交流的空间。

6. 科技+电商综合孵化型

这类孵化器主要突出"互联网+"的特点，为科技和电商类创业者及初创企业提供优质的孵化空间和环境，为入孵者提供多种孵化服务，使创业者和初创企业快速成长。

3.4.4　国家高新区已成为创新创业的核心载体

国家高新区建设几十年来，一直保持较快的增长速度，年均增速一直较高，为我国国民经济快速发展作出了突出贡献。国家高新区在经济新常态的挑战下，快速找准"稳增长"与"调结构"的平衡点，加快培育和发展新产业、新业态、新技术，推动经济发展提质增效升级，真正做到调速不减势、量增质更优，在区域产业结构调整升级中发挥了引领示范作用，真正成为我国经济中高速增长的重要引擎。

国家高新区整体上保持了良好的发展态势，现今也呈现出一些新的特点。创新创业生态环境更为完善。国家高新区积极营造良好的高新技术产业发展环境，打造有利于创新创业的生态系统。通过开展"科技服务体系火炬创新工程""创业中国行动"，不断加大资源集聚、平台建设、人才引进、政策完善等方面工作的力度，在全新的起点上推动科技服务规模化、体系化发展。国家高新区的科技服务能力逐步增强，服务机构发展环境不断优化，科技服务资源的集成整合初见成效，在促进科技创业、企业创新、产业升级和战略性新兴产业发展等方面的支撑作用正在显现。通过建设众创空间、创业社区等新型创新创业载体，全面构建高新技术转移转化通道和产业化平台，科技型企业大量涌现。

近年来，高新区涌现出的新型孵化器有效突破商事代理等基础服务，依靠互联网、开源技术平台，为创业者提供低成本、便利化、开放式的创业空间，增加了创业者相互交流的机会。目前国家高新区内已经形成了大量容纳创业者、投资者、创业导师的创业社区，实现了聚团效应价值的最大化，在国家高新区真正掀起了"大众创业、万众创新"的新浪潮。

3.5　创新促进创业

创业不但需要知识和技能，更需要超越别人智慧的奇思妙想。创业能力是创业者知识的累积、信息的交汇、商业灵感的迸发及运用，是创业者在长期观察和生活体验中养成的一种敏锐观察力和直觉力。

创业者可通过奇思妙想，从自己所经营的普通行业中捕捉到了商机，进而实现点石成金、化腐朽为神奇的梦想。创业，就要勇于打破常规，用冒险精神去点燃创业激情，用领袖的目光去做一个行业的创新者、开拓者。

3.5.1　经营要有市场份额

市场份额又称市场占有率，是指企业产品的销售量在市场同类产品中所占的比重，它在很大程度上反映了企业的竞争地位和盈利能力，是企业非常重视的一个指标。市场份额具有数量和质量两方面的特性，市场份额质量即市场份额的含金量，是企业市场份额优劣的反映。衡量市场份额质量的标准主要有两个，一是顾客满意率，二是顾客忠诚率。顾客满意率和顾客忠诚率越高，市场份额质量越好；反之，市场份额质量就越差。要提高市场份额质量，就必须进行大量的创新，从顾客的满意率入手做更深入细致的工作。

★案例赏析

金点子：特朗普面具

2017 年万圣节，在美国各大派对商店和大型连锁店里，销售最好的当属特朗普和希拉里的面具了。而在距离美国千里之外的浙江金华，有一家工厂在美国总统大选季进行了一场面具"豪赌"，卖出了 100 万张希拉里和特朗普的面具。

金点子：农民画

如果你生在农村，也有致富的途径。农民画是通俗画的一种，是农民自己制作和自我欣赏的绘画、印画，包括农民自印的纸马、门画、神像以及在炕头、灶头、房屋山墙和檐角绘制的吉祥图画。

农民画多取材于人物、动物、花鸟等，构图奇美、想象力丰富、手法简练，具有纯朴的民间气息，奇异独特的艺术效果和生命力。农民画倾注了农民的感情，一幅幅家乡美的图画，富有艺术吸引力。

经营建议：农民画家几乎各个地区都有，经营者可以和当地的农民画家签约，但不要批量印刷农民画在商品上，这样就失去了原创、拙朴的意义，手绘原创农民画是这些创意产品最大的卖点，一定要保持原汁原味。

【点评】

创业经营的目的就是获取利润，但想创造收益就必须有一个好点子。

3.5.2　经营需创新

随着时代的飞速发展，从企业长远发展来看，创新如同企业的营养液，是每个企业都需要考虑的问题。而企业为确保持续创造价值，唯有大胆创新。

创新可以改变企业的经营方式，可以让企业主动出击并且更快、更深地切入市场，企业要想实现长远发展，就必须有创新精神。要想在未来的市场竞争中取胜，就必须逐步增强自身的创新能力。

德国政府规定，城市繁华地段每隔 500 米应有一座公厕，一般道路每隔 1 000 米应建一座公厕，整座城市拥有公厕率应为每 500～1 000 人一座。德国的一个商人汉斯·瓦尔在 1990 年的柏林市公共厕所经营权拍卖会上向政府承诺承包厕所的建设并免费提供。当时，其竞争对手都认为瓦尔疯了，他们算了一笔账，即使按照每人每次收费 0.5 欧元的价格计算，一年光柏林一个城市就得赔 100 万欧元。汉斯·瓦尔拿下全柏林的公厕经营权。而瓦尔公司改变盈利点，其盈利点不在厕所门口 0.5 欧元的投币口上，而是广告。瓦尔公司不只是在厕所外墙上做广告，还将内部的摆设和墙体作为广告载体。考虑到德国人上厕所时有阅读的习惯，瓦尔公司甚至把文学作品与广告印在手纸上。通过改变经营思路的创新之举，瓦尔成了德国的"厕所大王"。

★案例赏析

鲜花果晶店

美国、日本等地区涌现出食用鲜花食品的热潮，其中最火爆的要数一种由花卉、蜂蜜和专用料生产的花卉食品——鲜花果晶。

投资鲜花果晶店的投资少、风险低。总投资约 7 500 元，包括鲜花果晶设备一台，价值 5 000 元左右；20 平方米的店面一间，月租金 2 500 元；员工工资在 3 000 元左右；剩余部分为原料投资。

每杯成品成本包括天然鲜花果晶粉、干花卉、蜂蜜等调味品 0.35 元，透明杯 0.12 元，人工费用 0.03 元，总计 0.50 元/杯。若每天生产 800 杯，以 3.00 元/杯 的价格现场销售 300 杯，其余均以 2.00 元/杯外送批发，每天获毛利 300×（3.0-0.50）+500×（2.00-0.50）= 1 500 元，每月以 30 天计算，毛利为 45 000 元。去除员工工资及店面租金，每月可获纯利润 39 500 元。

【点评】

创新是每个创业者都需要考虑的问题，创业者为确保持续创造价值，必须大胆创新。另外，创业者在开店时应考虑市场发展前景、利润空间。

3.5.3　经营要迎合顾客心理

为与客户达成交易，首先必须站在客户的角度进行思考。所有的客户在成交过程中都会经历一系列复杂、微妙的心理活动，包括对商品成交的数量、价格等问题的思考，及如何成交、如何付款、订立什么样的支付条件等。而且，不同客户的心理反应也各不相同。客户的心理对交易的数量甚至交易的成败，都有至关重要的影响。

有人认为做生意很难，有人认为生意这潭水很深。其实，难的不是生意，深的也不是生意这潭水，难的是把握顾客的心理，深的是人心。如果了解了顾客的心理，做成生意就不难了。

经营的奥秘就是了解顾客的心理。唯有了解顾客的心理，才能根据顾客的情况采取相应的对策，满足顾客的心理需求。因此，做生意的另一个奥秘就是满足顾客的心理需求。懂得心理学不一定是生意人追求的最终目标，却是做成买卖、赚取最大利润的方式之一。

★案例赏析

坐飞机不花钱还会给钱

沃奥航空是冰岛一家廉价航空公司，总部设在雷克雅未克。它的亮紫色飞机已经成为长途国际航空业务中的一股颠覆性力量。沃奥航空推出了从美国到欧洲的 69 美元（470 元人民币）的单程票。随后，该航空公司横跨大西洋的飞机票价格又创下了 55 美元（370 元人民币）的新低。

《商业内幕》采访沃奥航空的创始人兼首席执行官莫格森时，他表示："我认为，有朝一日我们会倒给你钱，让你来坐飞机。"

多年来，很多航空公司尝试开辟收入来源，以降低对机票收入的依赖度。它们让乘客付费选择座位，提早登机，享受飞行餐，此外还与酒店、餐馆、租车公司和旅游业的其他伙伴开展合作，以满足乘客对旅行的多方面需求，从中获得收入。沃奥航空也利用了这些辅助收入来降低飞机票的价格。

莫格森说："我们的目标是，让这种辅助收入超过客运本身的收入。我们正在为此而努力。第一个实现该目标的公司会改变航空业的游戏规则。"从理论上来说，航空公司降低对客运收入的依赖度之后，飞机票的价格就不那么重要了。在极端情况下，只要乘客上了飞机，航空公司就会有收入，因为航空公司的大部分钱，都是在乘客买票之后赚到的。

因此，从理论上说，沃奥航空可以倒给钱，让乘客坐飞机，而它仍然可以赚钱。莫格森曾经是科技业创业家和投资家，他表示，该公司计划进一步提升客户参与度。"这意味着根据你以前的行为和需要，和你建立一种更深入、更个性化的关系。当然，同时也会注意保护你的隐私。"

也就是说，沃奥航空的前途是否光明，就得看它能否像 Facebook 或谷歌那样，有效地利用客户数据了。莫格森认为，目前很多航空公司还没有意识到航空业的数据拥有多么巨大的潜力。他表示："我想打造一家出色的公司，并享受这个过程。"

【点评】

做生意不单要靠产品的质量和价格、服务态度、环境装饰，更要看经营者的规划、创意营销的手段等能不能满足消费者的需求。因此，创业者必须关注社会发展的趋势、消费者不断变化的需求，以便及时调整营销方式，确保正常经营。

3.5.4　小生意也有前途

一些小生意其实也有前景，如烧烤店、骨头馆、沙县小吃等。

1. 夜市烧烤

每个城市都有烧烤区，摆上桌子、放上凳子，支起炉子烧起炭，热热闹闹的大排档就此拉开序幕。

沈阳市的一家烧烤店老板说："我这里的肉都是真材实料，吃的客人多，当然赚钱。尤其是每周五晚上，最多一天赚3万块。"有些烧烤店老板直接到肉食厂购买牛肉、羊肉，利润更大。

以每天卖得最多的牛肉串来说，购买每斤牛肉的价格是25元，牛油是10元/斤。每3斤牛肉加2斤牛油，能穿出近200串，平均成本约为0.475元/串，再加上腌肉料、烤肉料和3分钱的竹扦，成本将近0.6元/串，每串卖1.5元，毛利润达到150%。除去房租、人员工资、火炭、水电等成本，总体算下来，每天营业额的一半是纯利润。

2. 骨头馆

在一家骨头馆，可能酱大骨利润不高，但毛豆、鸡架、啤酒等搭配的东西利润高。

3. 沙县小吃

有人曾算了一笔账：开一个60平方米以下的店面，每月租金约3 000元，物料成本8 000元，员工工资5 000元，水电费和税费3 000元，加上其他费用，合计成本约2万元。只要选准位置，每天接待130人，平均消费约10元，月营业额约3.9万。若是100平方米以上的店面，利润更高。

沙县全力打造小吃牌。从1997年开始，每年举行一届小吃文化节，投资小吃文化城，开发旅游项目。

4. 手抓饼

有人卖手抓饼，在两年时间里发展了4家直营店、1个加工厂和8家加盟店，年收入达250万元。

5. 衣物、装饰品保养店

针对高档鞋、包、衣服的后续保养，目前多数是空白领域，有很大发展空间。

6. 早餐店

都市工作繁忙，生活节奏快，很多上班族不做早饭而选择在外吃，所以早餐店只要选对位置，味道尚可，品种丰富，不愁没有利润。

3.6 创业需要科学态度

创业需要激情，创业更是一门科学，有清晰的逻辑可循。创业的成功是低概率的，很多创业者以失败收场，因为他们没有经过充分的商业历练，对产品、营销、管理等没有清醒的认识，在关键时刻容易犯下致命的错误，所以要科学创业。

3.6.1 科学创业有三个话题

1. 你能干什么

你能干什么就是你选择去做什么。选择做什么，是所有人在创业前，甚至是在一个企业启动第二家公司或者投资一个新的项目的时候，都要慎重思考的。

2. 你打算怎么干

任何一个企业，不论是服务业还是实体经济，都要考虑产品、市场、销售和管理这四要素。你提供的产品是什么，你如何把你的产品推向客户，你如何管理你的团队，是所有企业都需要去认识的问题。

3. 怎么干

我们应该遵守、了解哪些基本的商业常识，在什么时候应该怎么做，也是需要企业思考的。

3.6.2 创业也需科学的选择

我们一直讲"顺势而为"，如何理解顺势而为呢？"势"有两层含义，第一是趋势，第二是自己的优势。顺着自己的优势去做、顺着趋势去做，这是基本的选择。

在实际中，"短看优势"，即短期项目能不能成功取决于你的优势；"长看趋势"即长期发展需要了解行业的发展趋势。"做对趋势，用足优势"即顺应发展趋势，并发挥自身的核心竞争力，这在创业的第一个阶段非常重要。

3.6.3 创业需掌握营销中的四个要素

第一个要素：产品。了解人性的弱点和优点。我们需要从人性的弱点中去寻找痛点，满足他的需求，寻找迫切需要解决的问题。人性的优点是崇尚真、善、美，我们应利用人性的优点去建立品牌，这是产品和传播的一个基础逻辑。

第二个要素：市场。什么叫市场？市场和销售是两个部门，销售负责销量的实现，市场负责品牌信息、产品信息的传达。我们强调内容的创造，广告、公关、产品，所有一切需要输出的、面向消费者的内容，如何创造出来，选择什么样的通道以最快的速度、最低的成本到达消费者，是市场的核心。

第三个要素：销售。在过去十几年，销售的本质一直被理解为利益链的分配与管理。无论是借助电商平台还是借助传统渠道，很难让每一级经销商的利益最大化。在有限的区间内实现科学的分配，让每一个渠道环节对经销商的驱动力和积极性达到最大化，以达成最高销量，可能是渠道管理、销售管理的核心。

第四个要素：管理。管理的本质是用人，用人的第一原则仍然是"顺势而为"。我们要客观地审视每一个员工，对他的优点、缺点、优势、劣势有清晰的认识。用人之长避人之短，如何把员工的优势最大化地释放出来，如何通过团队的组合把劣势最小化，是管理的基本原则。

产品、市场、销售和管理是所有企业都要面对的问题，需要在思考做决定的时候，不断地回到原点，不断地看清其本质。

3.6.4 创业需掌握基本的商业知识

第一，企业的本质是为消费者提供有价值的产品和服务。如果你提供的产品没有价值，这个企业就没有存在的价值；如果别人比你提供的更好，你要么出局，要么降价。"人无我有，人有我优，人优我绝"，否则不具备与消费者讨价还价的能力。在企业发展的过程当中，为消费者提供有价值的产品和服务能保持产品和服务的竞争力。

第二，产品和营销都是基于对人性的理解。产品是道，营销是术，没有好产品，好营销是糟蹋，营销的使命是把好产品卖得更好，而不是把玻璃当钻石卖出去。在今天，信息对称化的程度越来越高，欺骗消费者是不可行的。

第三，价值观、方法论、执行力。一个企业如果没有端正做企业的心态，没有服务用户的心态，从第一天起就失败了。欺骗是没有未来的，这是价值观。每一个企业还要找到核心优势，建立独特的方法论，不论是在产品还是营销上，都一样。一旦找准方向，抓住机会就应立即执行。

3.6.5 创业需理智地处理各种问题

每个人一生中会有很多次机会，但是多少人都没能抓住，主要原因是没有做好充分准备。

在创业前期，创业者对创业有多少了解，是否做好了准备呢？有的人头脑一冲动就要去创业，在创业的过程中遇到坎坷的时候又十分后悔。

在了解市场的情况后，要考虑各方面的问题，尤其是资金问题。在资金问题上，一定要做好规划，什么地方该投入多少钱要有预算。

创业不能冲动、创业是需要理智地去思考的。要随时保持一颗清醒而理智的头脑，选择一个自己喜欢的、有信心把它做好的项目。

很多人过于急躁，创业是要一步一步来的，不要想着步伐迈大，经营项目是需要耐心的。

在创业政策的激励下，越来越多的创业者加入创业大军，其中不乏刚走出校门的大学生和毫无经验的创业者。开张容易，经营难。很多创业者都是刚支起摊子就摇摇欲坠，很快就支离破碎。所以，鼓励创业，但不要冲动，创业需要理性。在众多创业者中，成功者不少，步履维艰者也有很多。刚毕业的大学生，有激情、有闯劲儿、有干劲儿，这是值得肯定的。但是不考虑风险和困难，毫无准备就创业，只会带来重重危机。

创业需要理性，尤其是在可供选择的项目越来越多、有发展前景的项目越来越少的情况下。创业者要做好充分的准备，在创新型、科技型项目上下功夫。要三思而后行，走一步看十步，适应形势变化，在危中求机。要在创业的过程中随时而变，不断创新，让创业路走得更长远。鼓励更多的人创业，让更多的人理性创业，创业教育也需关口前移，可以在大学增设创业课堂，还可以开设社会创业课堂，培养创业者的创业能力、创业精神，让更多的创业者梦想成真。

3.7 创新促创业作品实例

3.7.1 创新促创业作品实例1：一种防跟踪定位发饰

1. 所属技术领域

本实用新型属于红外线传感器利用领域，尤其涉及一种防跟踪定位发饰。

2. 背景技术

目前，红外线技术已经得到广泛应用，许多产品运用红外线技术能够实现相应的功能。本实用新型是为了保护夜间下班的女性，让女性可以及时采取措施，保护自身的安全。

市面上的红外线传感器还没有应用在防跟踪定位技术上，本实用新型依据红外线的特性，并结合光信号转化为电信号传输到手机上，从而进行定位。这样的应用非常适合经常夜间下班回家的女性，还可以通过对周围人的定位确实是否被跟踪，防止自己身陷困境。

3. 实用新型内容

本实用新型包括发饰、红外线传感器，如图 3-1 所示，应用这种红外线定位测量的方法，通过人体散发出来的热量进行探测。利用红外线的热效应，探测器的敏感元件吸收辐射能后温度升高，进而使某些有关物理参数发生变化。通过测量物理参数的变化来确定探测器所吸收的红外线，最终确定周围陌生人员的位置和范围，并将这种反射的信号，转化成电信号，传入到手机中，确定是否被跟踪。

本实用新型的有益效果是：测量距离长，受温度影响小，较稳定；不用与被测物体直接接触即可测量；电路板上的系统具有完整性较好、信噪比较低的信号传递；灵敏度高，可靠性强；采用先进成熟的集成电路，高倍节能、环保。

4. 附图说明

下面结合附图对本实用新型做进一步的说明。

图 3-1（a）是本实用新型的红外线传感器的原理图。

图 3-1（b）是本实用新型的红外线传感器放大图。

图 3-1（c）是本实用新型的发饰设计图。

5. 具体实施方式

如图 3-1（a）所示，本实用新型采用的工作原理是经物体反射的探测线经过镜头、光栅、探测器的折射传输，最终形成红外热图，然后以脉冲的方式转化成信号传输给手机。

如图 3-1（b）所示，本实用新型的红外线传感器只需隐藏在发饰之内，即可探测到周围的红外线。

如图 3-1（c）所示，本实用新型可直接夹住头发。将含有红外传感器的发饰戴在头上，简单小巧，不易被发现。通过红外线的热效应将周围的热源信号传递回手机，进行监测。

以上所述为本实用新型的实施措施，未对本实用新型进行任何形式上的限制，凡是依据本实用新型的技术实质对以上实例所做的任何简单修改、等同变化与修饰，均属于本实用新型的保护范围。

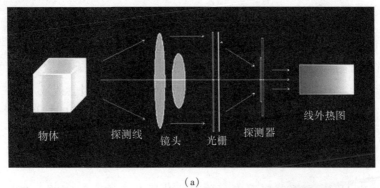

（a）

（b）　　　　　　　　　　　　　（c）

图 3-1　一种防跟踪定位发饰

（a）红外线传感器的原理图；（b）红外线传感器放大图；（c）发饰设计图

6. 技术创业看技术

女性一个人走夜路的时候十分不安全，虽然已拥有手机，遇险可报警求助，但在坏人跟踪时难以及时发现。因此，与现有技术相比，本实用新型的优点如下。

（1）本实用新型提供的智能反跟踪发卡利用超声波测距原理和红外探测原理，佩戴者将发饰戴在头上，发饰能够测量佩戴者与跟踪者的实际距离和跟踪者的红外线辐射，一旦实际距离小于安全距离，在人体红外线辐射波长范围内，启动报警电路，报警器振动，并且将摄像头拍摄的视频信号传输到佩戴者的手机上。因此，本实用新型能够帮助佩戴者在遇到坏人跟踪时，及时判断，及时求助。

（2）本实用新型结构简单、外形多样、操作方便，尤其适合女性同胞防身。

此技术推广、运用具有良好的市场前景，不但适合大学生创业，也适合一般女性进行专卖、创业营销等。

3.7.2　创新促创业作品实例2：一种城市直饮水系统

1. 所属技术领域

本发明属于加热水器及其冷却技术领域，特别涉及一种城市直饮水系统。

2. 背景技术

媒体有时曝光公共场合的直饮水不符合饮用标准，检测查出多项污染值超标，如果直接饮用该直饮水将会对人们的身心健康造成巨大的威胁。另外，水源从自来水厂流到各个终端的时候，由于管道锈蚀等各方面的原因会造成水质二次污染，鉴于此，有必要提供一种更好的装置来净化公共场合的直饮水系统，让水达到可以直接饮用的标准，让人们喝直饮水喝得放心。

3. 发明内容

为了解决人们宁可忍着口渴也不敢喝公共场合直饮水的问题，本发明提供一种先对直饮水进行加热，使其烧开，再通过冷却结构变成冷水，最终流出水龙头的城市直饮水系统，使人们可以放心饮用公共场合直饮水。

4. 技术方案

本发明主要包括冷水进口 1、冷储水箱 2、抽水泵 3、管道一 4、瞬时加热器 5、热储水箱 6、管道二 7、冷却水出口 8、加热器导线 9、传感器导线 10、抽水泵导线 11、控制电路板 12、循环冷却结构 13、水位传感器 14、中央控制芯片 15、继电器 16、市电电源 17，如图 3-2 所示。本发明主要分为两部分，一部分为加热装置，一部分为冷却装置，基本原理为将直饮冷水加入加热器里然后经过加热器烧开的水集中到一个容器里进行预冷却，使热水变成冷水从水龙头里流出，供人们直接饮用。

本发明中冷水进口 1 与城市自来水管相连，将来自自来水厂的直饮水引入饮水系统。冷储水箱 2 由合金制成，冷水从冷水进口 1 进入冷储水箱 2 储存起来。在冷储水箱 2 的底部侧边位置有管道一 4，上有抽水泵 3 和瞬时加热器 5，在管道一 4 的另外一端有一个热储水箱 6，热储水箱 6 也为合金制成。在安装该直饮水系统时，需要保证热储水箱 6 的底部位置比冷储水箱 2 的底部高出一定距离，保证在热储水箱 6 里的水可以顺利地经过管道二 7 流入循环冷却结构 13。自来水经过瞬时加热器 5 后被烧开，能够对水里的致病微生物进行有效杀灭，达到杀菌消毒的作用。从瞬时加热器 5 里来的热水进入热储水箱 6 里进行储存，热储水箱 6 里有一部分水留存，由瞬时加热器 5 里来的水和热储水箱 6 里的水进行混合，进行第一次降温。当人们在饮用水时，热储水箱 6 里的水经过管道进入循环冷却结构 13，循环冷却结构 13 在冷储水箱 2 里，为一些层叠结构多次弯曲的管道，保证热水流经循环冷却结构 13 时可以进行充分的降温冷却。冷却水出口 8 与水龙头相连，打开水龙头，可进行直接饮用。

本发明中抽水泵 3 的抽水泵导线 11 与控制电路板 12 相连，同时瞬时加热器 5 的加热器导线 9 与控制电路板 12 相连。在热储水箱 6 里有水位传感器 14，水位传感器 14 将热储水箱 6 里的水位信息经过传感器导线 10 传递给控制电路板 12，控制电路板 12 上有中央控制芯片 15，在中央控制芯片 15 里设定好热储水箱 6 里的水位范围值，当热储水箱 6 里的水位低于某个设定值后，中央控制芯片 15 通过控制继电器 16 将电路打开，使抽水泵 3 和瞬时加热器 5 开始工作；当热储水箱 6 里的水位超过某个设定值之后，水位传感器将 14 信息发送给中央控制芯片 15，中央控制芯片 15 控制继电器 16 将电路断开，使抽水泵 3 和瞬时加热器 5 停止工作，从而保证热储水箱 6 里的水位维持在一个安全范围内。

冷储水箱 2 体积较大，可以保证有足够多的冷水对循环冷却结构 13 里的热水进行冷却，保证从冷却水出口 8 里流出的水为冷水。热储水箱 6 在安装时需要保证底部比冷储水箱 2 的底部高出一定距离，保证热储水箱 6 里的水可以顺利经过循环冷却结构 13 流到冷却水出口 8。

抽水泵 3 和瞬时加热器 5 为并联结构。如果需要更高的安全性能，可以在控制电路板 12 上进行设置，使瞬时加热器 5 的启动时间比抽水泵 3 的启动时间早一点。

本发明的有益效果是：可以保证人们在公共场合喝到安全的直饮水，通过高温杀菌消毒，再通过冷却装置将热水冷却，避免了自来水杀菌消毒不完全，或者水管锈蚀造成的二次污染。

5. 附图说明

下面结合附图对本发明做进一步的说明。

图 3-2（a）是本发明的西南等轴测图。

图 3-2（b）是本发明的东南等轴测图。

图 3-2（c）是本发明的东北等轴测图。

图 3-2（d）是本发明的冷储水箱内部结构图。

图 3-2（e）是本发明的热储水箱内部结构图。

图 3-2（f）是本发明的电路工作原理图。

6. 具体实施方式

为了便于本领域普通技术人员理解和实施，下面对本发明进行详细描述。应当理解，此处的描述仅用于说明和解释本发明，并不用于限定本发明。

如图 3-2 所示，冷水从冷水进口 1 进入直饮水系统，即进入冷储水箱 2。冷储水箱 2 为一个合金制成的中空箱体，可以储存大量的水。在冷储水箱 2 的底部侧边有一根管道一 4 与之相连，管道一 4 为冷水从冷储水箱 2 流出的流出口，在管道一

4 上有抽水泵 3 和瞬时加热器 5，与管道一 4 相连的另一端为热储水箱 6。在安装直饮水系统时，需要保证热储水箱 6 的底部比冷储水箱的底部高出一定距离，从而使热储水箱 6 里的水可以顺利经过管道二 7 进入循环冷却结构 13，从而顺利地从冷却水出口 8 流出。管道一 4 上的抽水泵 3 负责将冷水从较低位置的冷储水箱 2 经过瞬时加热器 5 进行加热，抽到较高位置的热储水箱 6 进行储存。瞬时加热器 5 为一个可以及时加热烧开水的装置，当冷水进入瞬时加热器 5 时，从另外一端热水口出来时即是温度为 100℃ 的沸水，可用目前市面上成熟的及时加热装置作为本发明的瞬时加热器 5。沸水从瞬时加热器 5 流出后进入热储水箱 6 进行储存，从瞬时加热器 5 中来的沸水与热储水箱 6 中原本就存留的水进行混合降温。在热储水箱 6 里有水位传感器 14，水位传感器 14 可检测热储水箱 6 里的水位信息，将信息经过传感器导线 10 发送给控制电路板 12 上的中央控制芯片 15 进行处理。在中央控制芯片 15 中预先设定了热储水箱 6 的水位变化范围，当热储水箱 6 的水位低于某个水位时，中央控制芯片 15 控制继电器 16，使抽水泵 3 和瞬时加热器 5 的电路接通，连接到市电源 17 上，抽水泵 3 和瞬时加热器 5 开始工作，冷水被抽到管道一 4 里，经过瞬时加热器 5 进行加热，变为沸水，并进入热储水箱 6 进行储存；当热储水箱 6 的水位超过某个设定值时，水位传感器 14 将信息送给中央控制芯片 15，中央控制芯片 15 控制继电器 16 断开抽水泵 3 和瞬时加热器 5 的电路，从而使管道一 4 里的冷水停止流动，停止加热，没有水流入热储水箱 6，保证热储水箱 6 的水位在一个安全范围内。当打开与冷却水出口 8 相连的水龙头时，水流从热储水箱 6 经过管道二 7 进入循环冷却结构 13，循环冷却结构 13 为多层叠放的、弯曲的管道，管道与管道之间有间隙，保证冷水可以将管道全方位包裹，达到很好的冷却降温效果。

抽水泵 3 通过抽水泵导线 11 与控制电路板 12 相连，瞬时加热器 5 通过加热器导线 9 与控制电路板 12 相连，水位传感器 14 通过传感器导线 10 与控制电路板 12 相连；抽水泵 3 与瞬时加热器 5 并联，保证抽水泵 3 与瞬时加热器 5 可以同时工作和同时断开电路，可以使抽水泵 3 的工作启动时间比瞬时加热器 5 的启动时间晚一点，从而保证管道里的水流继上一次加热的位置继续开始加热。

热储水箱 6 的底部位置比冷储水箱 2 的底部位置高出一定距离。尽管上述说明较多地使用了冷水进口 1、冷储水箱 2、抽水泵 3、管道一 4、瞬时加热器 5、热储水箱 6、管道二 7、冷却水出口 8、加热器导线 9、传感器导线 10、抽水泵导线 11、控制电路板 12、循环冷却结构 13、水位传感器 14、中央控制芯片 15、继电器 16、市电电源 17 等术语，但并不排除使用其他术语的可能性。使用这些术语仅仅是为了更方便地描述本发明的本质, 把它们解释成任何一种附加的限制都是与本发明精神相违背的。

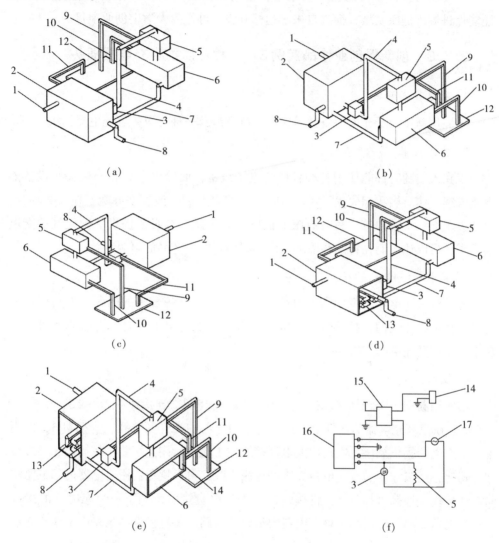

1—冷水进口; 2—冷储水箱; 3—抽水泵; 4—管道一; 5—瞬时加热器; 6—热储水箱;

7—管道二; 8—冷却水出口; 9—加热器导线; 10—传感器导线; 11—抽水泵导线;

12—控制电路板; 13—循环冷却结构; 14—水位传感器; 15—中央控制芯片; 16—继电器; 17—市电电源。

图 3-2 一种城市直饮水系统

(a) 西南等轴测图; (b) 东南等轴测图; (c) 东北等轴测图; (d) 冷储水箱内部结构图;

(e) 热储水箱内部结构图; (f) 电路工作原理图

7. 技术创业看技术

中国是一个 14 亿人口大国, 据统计每年需 3 146 万吨瓶装水来满足日常所需,而通过城市直饮水系统可使自来水达到直接饮用水的标准来满足大众所需。

本发明可提升城市居民生活水平，又能为实现建立和谐社会创造物质条件，还能促进城市健康发展、促进自来水达标升级，可作为大学生创业项目。

3.7.3 创新促创业作品实例3：一种可以扩容充电器插头

1. 所属技术领域

本实用新型属于充电设备技术领域，特别涉及一种可以扩容充电器插头。

2. 背景技术

现在人们随时都能使用各种各样的电子设备，而给电子设备充电关乎设备能不能继续工作。当我们失去了最后自带的一点电源后，该怎么办呢？在公共场合，比如火车上、车站内等，只有有限的插座，鉴于此，有必要提供一种更好的充电器插头，可以让人们在特殊环境下依然不用担心电子产品的电源问题。

3. 实用新型内容

为了解决充电插座少而需充电的小功率的电子设备较多的问题，本实用新型提供一种可以让人们在插座较少、电路安全运行的情况下及时给自己的手机等小功率电子产品充电的装置。

4. 技术方案

本实用新型主要包括接线柱1、充电器2、插口3、连接线4、出线5，如图3-3所示。在原来充电器的基础上，在充电器的上部中央开两个孔，为插口3，即为下一个充电器提供插座。电流由充电器接线柱1流进，用连接线4将插口3与接线柱1相连，连接线4沿着充电器2内部边缘走线，可以避免占用充电器内部电路空间。连接线4连接着插口3，将接线柱1来的电直接引流到下一个充电器的接线柱。充电器2内部的空间为该充电器内部转换电路，将转换好的电路由出线5连接到电子产品。

本发明的有益效果是：使用简单，不会对充电器造成损伤；可以在急需用电的情况下有机会充电。

5. 附图说明

下面结合附图对本发明做进一步说明。

图3-3（a）是本实用新型的西南等轴测图。

图3-3（b）是本实用新型的东南等轴测图。

6. 具体实施方式

在充电器 2 内部，用连接线 4 将接线柱 1 与插口 3 连接起来，连接线 4 沿着充电器 2 内部边缘走线。插口 3 为充电器 2 上表面开的插口，作用是为下一个充电器提供插座。插口内部即为市面上通用的插座构造，充电器 2 内部空间为该充电器的电源转换电路，再将转换好的电源经出线 5 送给待充的电子产品。

接线柱 1 为合金，为充电器 2 的电源接入点，用来插在插座上。充电器 2 外壳为塑料，内部为电源转换电路。插口 3 表层为充电器 2 的外壳，内部为插座结构，与充电器 2 通过螺丝固定在一起。连接线 4 为电线，将接线柱 1 与插口 3 连接起来。

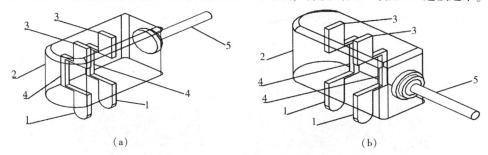

(a) (b)

1—接线柱；2—充电器；3—插口；4—连接线；5—出线。

图 3-3 一种可以扩容充电器插头

(a) 西南等轴测图；(b) 东南等轴测图

7. 技术创业看技术

电器插头是日常生活中的必需品，用量很大，它的质量关系各行各业及千家万户的生命安全。本实用新型为增强电器使用安全作出了积极的贡献，其技术优化方案值得大家学习效仿。如果有同学选择创业项目，该方案可以借鉴。

3.7.4 创新促创业作品实例 4：一种防扎保险游泳圈

1. 所属技术领域

本实用新型属于水上救生装备技术领域，特别涉及一种防扎保险游泳圈。

2. 背景技术

游泳深受大众喜爱，但潜在的危险性也不容忽视，溺水事故频发，造成不少家庭悲剧，而其中，游泳圈破损是事故造成的主要原因之一（如发卡扎破充气游泳圈）。这对游泳圈等安全保护设备提出了更高的要求。

3. 发明内容

针对上述问题，本实用新型提出了解决的办法。其技术方案是，为了防止在游泳过程中出现游泳圈破损而造成意外事故，本实用新型在传统游泳圈的基础上将游泳圈内部充气区域分成多个均匀的环状充气区域。如此，就算在游泳过程中游泳圈部分表面出现破损，游泳的人依然可以利用剩余的充气环保持浮力，保护自身安全。另外，因为本实用新型有多个内部充气区域，所以在游泳圈出现轻微破损情况下，仍不影响正常使用，大大地增加了游泳圈的使用寿命。再加上新型的外观设计，可使游泳更具趣味性。

本实用新型的有益效果是：结构简单，牢固保险，实用耐用。

4. 附图说明

下面结合附图对本实用新型做进一步说明。

图3-4（a）是本实用新型的结构俯视图。

图3-4（b）是本实用新型的结构截面图。

图3-4（c）是本实用新型的整体结构主视图。

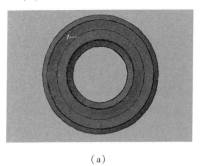 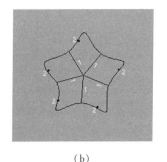

（a）　　　　　　　　　　　　　　（b）

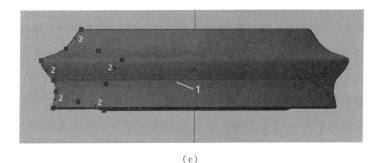

（c）

1—隔板；2—充气口。

图3-4　一种防扎保险游泳圈

（a）结构俯视图；（b）结构截面图；（c）整体结构主视图

5. 具体实施方式

本实用新型的隔板1将游泳圈内部空间等分成五个区域，通过充气口2分别向五个区域充气。

6. 技术创业看技术

从专利技术查询中我们尚未发现相同技术运用于水上救生装备技术领域，只有相似技术应用于其他领域（如防扎轮胎），说明本实用新型具有较强的新颖性和实用性，也具有可开发、可应用的市场，适合大学生创新创业，开拓新领域。

3.7.5　创新促创业作品实例5：一种输液加热仪

1. 所属技术领域

本发明属于加热器装置技术领域，特别涉及一种输液加热仪。

2. 背景技术

众所周知，冬天的时候输液很冷，有条件的人可以使用热水袋，但很多人并没有携带，只得忍受几个小时的冰冷，尤其是体弱者和老年人，这种寒冷对健康有害。鉴于此，有必要提供一个更好的产品，来改善冬天或夜晚输液时药液很冰冷的情况。

3. 发明内容

为了解决在没有取暖设备的地方输液时手很冰冷的问题，本发明提供一种低功耗的加热装置，来对输液瓶进行适当温度加热，让冰冷的药液有温度，让患者不再受冻。

4. 技术方案

本发明主要包括电源1、电路2、低压线3、加热仪主体4、尼龙绒带5、尼龙钩带6、保护层7、降压器8、整流电路9、稳压电路10、电阻丝11，如图3-5所示。本发明分为两个部分，即电路2与加热仪主体4。电路2与加热仪主体4通过低压线3相连。电路2安装在输液位置的座椅底下，可以保证安全；低压线3沿着输液所用的支撑架到达顶部；加热仪主体4安装在输液所用的支撑架顶端，当挂上输液瓶时，方便将加热仪主体4附在输液瓶上使用。将电源1与市电相连，220V的市电经过降压器8进行降压成为较低电压的电流，再经过整流电路9和稳压电路10变为10V左右的直流电，直流电经过低压线3从电路2达到加热仪主体4里的电阻丝11，电阻丝11发热，经过保护层7将热量传给输液瓶里的药液，达到升温的目的。

使用本发明时将尼龙绒带5搭到尼龙钩带6上，尼龙钩带6和尼龙绒带5构成一副尼龙搭扣，将加热仪主体4附着在输液瓶上，输液瓶与电阻丝11之间由保护层 7 隔绝。

本发明的有益效果是：功耗低，加热针对性强，使用方便，小巧轻便，性能安全可靠；人性化设计，让冬天输液不再是一件"冰冷"的事。

5. 附图说明

下面结合附图对本发明做进一步说明。

图 3-5（a）是本发明的西南等轴测图。

图 3-5（b）是本发明的东南等轴测图。

图 3-5（c）是本发明的电路工作原理图。

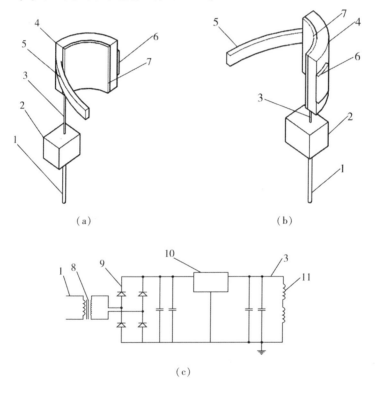

（a）　　　　　　　　　　（b）

（c）

1—电源；2—电路；3—低压线；4—加热仪主体；5—尼龙绒带；6—尼龙钩带；

7—保护层；8—降压器；9—整流电路；10—稳压电路；11—电阻丝。

图 3-5　一种输液加热仪

（a）西南等轴测图；（b）东南等轴测图；（c）电路工作原理图

6. 具体实施方式

电路 2 里有降压器 8、整流电路 9、稳压电路 10，将电源 1 与市电相连，市电经过降压器 8 进行降压，再经过整流电路 9 和稳压电路 10 后变为稳定的直流电。

将该直流电通过低压线 3 传到加热仪主体 4 里的电阻丝 11。加热仪主体 4 里有电阻丝 11 和保护层 7，通电后电阻丝 11 发热，将热量经过保护层 7 传出来。在使用该装置时，将保护层 7 包在输液瓶上，将尼龙绒带 5 包裹着输液瓶粘在尼龙钩带 6 上，将输液瓶包裹起来。电阻丝 11 产生的热量经过保护层 7 传给输液瓶，达到加热输液瓶里药液的目的。电阻丝 11 为小功率电阻丝，只要足以使输液瓶里的药液达到 35℃ 左右即可，不能加热过高，否则会对药液产生一定的影响。安装时，将电路 2 安装在输液位置的座椅下面，加热仪主体 4 安装在输液支撑架的顶端，需要加热输液瓶时，只需取下加热仪主体 4 即可包着输液瓶使用。

尼龙绒带 5 与尼龙钩带 6 构成一副尼龙搭扣；保护层 7 为一层布料；加热仪主体 4 不宜过大，否则遮挡住输液瓶，不方便查看输液瓶里药液剩余情况。

7. 技术创业看技术

本发明从生活中发现问题，并提出解决的技术方案，实现"冬天输液不再冷"的目的。中国人口众多，如果能使用该技术，将产生巨大的经济效益，也能促进医疗器材发展、医疗水平提高。

本发明非常适合大学生创业，也非常适合中小企业和个人创业。

3.7.6　创新促创业作品实例 6：一种蚊虫防护裤套

1. 所属技术领域

本实用新型属于裤子技术领域，特别涉及一种蚊虫防护裤套。

2. 背景技术

在日常生活中，夏天人们大多会选择穿短裤，然而，当人们静坐时，腿部很容易受蚊虫的叮咬，影响个人的卫生健康。鉴于此，有必要提供一种蚊虫防护裤套，以解决腿部遭蚊虫叮咬的问题。

3. 发明内容

针对上述存在的问题，本实用新型提出了解决的办法，其技术方案如下。

为了解决夏天腿部遭蚊虫叮咬的问题，本实用新型提供一种蚊虫防护裤套，如图 3-6 所示，网状裤套 1 表面呈细小密集网状结构，与现有蚊帐的表面结构相同；腰部松紧带 2 与网状裤套 1 的上端连接；两个相同的窄口松紧带 3 分别连接在网状裤套 1 的两个裤脚处。

使用时，使用者可以在已经身穿短裤的情况下直接穿上本裤套，网状裤套 1 的网状表面可以有效防止腿部裸露部分被蚊虫叮咬；腰部松紧带 2 可以适度束缚腰部，以防止裤套从使用者身上滑落；窄口松紧带 3 可以使网状裤套 1 的裤脚处适度收紧，防止蚊虫从裤脚处钻进裤套。

本实用新型的有益效果是：方便实用，巧妙利用与蚊帐表面相同的网状材料来达到腿部免受蚊虫叮咬的效果，同时还能保证腿部的清凉透气；设计合理，结构简单，造价低廉。

4. 附图说明

下面结合附图对本实用新型做进一步说明。

图 3-6 是本实用新型的正视图。

5. 具体实施方式

网状裤套 1 表面为与现有蚊帐表面相同的细小密集网状结构，材质为棉纱或化纤，用于防止蚊虫叮咬；网状裤套 1 整体呈宽松裤子的立体形状，使用者可以在已经身穿短裤的情况下直接套上；腰部松紧带 2 连接在网状裤套 1 上端对应腰部位置的开口边沿处，用于适当束缚腰部以将本裤套固定于使用者身上；两个相同的窄口松紧带 3 分别连接在网状裤套 1 的两个裤脚处，用于收紧两处裤脚，防止蚊虫钻入。

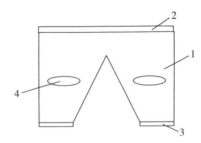

1—网状裤套；2—腰部松紧带；3—窄口松紧带。

图 3-6　一种蚊虫防护裤套的正视图

6. 从技术能力看该技术

据中国钓鱼协会统计，我国大约有 9 000 万钓鱼爱好者。其中有不少钓鱼爱好者在夏秋季晚上钓鱼，这样一来，防蚊服就有很大的市场。

从创业来说，该技术实用性较强，不但可防蚊、防虫，还可用于其他地方，因此可作为特种衣服或工作服、防护服推向市场。该技术制作难度不大，比较适合女性创业或服装从业者创业。

3.7.7　创新促创业作品实例 7：一种纽扣式药丸

1. 技术领域

本实用新型属于弹式机械结构设计领域，特别涉及一种纽扣式药丸。

2. 背景技术

根据中国疾病预防控制中心发布的《中国心血管病报告》，我国心血管病患病率及死亡率处于上升阶段。心血管病死亡率居首位，高于肿瘤等其他疾病，占居民疾病死亡构成的 40% 以上，特别是在农村，近几年心血管病死亡率持续高于城市。很大一部分心血管病患者死亡是因为常用的治疗药物装在密封瓶里，发病时没有力气拧开药瓶服药，尤其是当老年人突发心血管疾病的时候。

鉴于此，有必要提供一种使突发性疾病患者在发病时能够自救的装置，以取代现有的盛放突发性疾病治疗药物的密封瓶。

3. 实用新型内容

为了解决突发性疾病患者发病时无法拧开盛放药物的密封瓶自救的问题，本实用新型提供了一种纽扣式药丸，来达到病人发病时能够快速服药、拯救生命的目的。

4. 技术方案

本实用新型包括纽扣本体 1 和装有药物的封闭壳体 2，纽扣本体 1 的横向方向设有环形凹槽 3，封闭壳体 2 为球冠状，封闭壳体 2 的纵切面为弧形，封闭壳体 2 的边缘向内水平地延伸，形成与环形凹槽相配合的凸台 4。纽扣本体 1 通过环形凹槽 3 和封闭壳体 2 连接。封闭壳体 2 的材料为水溶性胶囊材料。

本实用新型是对现在市面上的治疗突发性疾病药丸的重新设计。将药丸设计成纽扣形状，且出于常见的治疗心绞痛等突发性疾病的药物须密封的考虑，药丸是密封在水溶性胶囊内的。

本实用新型利用纽扣上的环形凹槽 3 将封闭壳体 2 下部的凸台 4 卡住，封闭壳体 2 包住纽扣，使装有药物的封闭壳体 2 附着在衣领的纽扣上。

本实用新型的有益效果是：构思新颖、结构简单、方便实用；应用的对象广泛，在较少的成本下解决了突发性疾病患者服药这一难题。

5. 附图说明

图 3-7（a）是本实用新型纽扣主体的结构示意图。

图 3-7（b）是本实用新型壳体的结构示意图。

图 3-7（c）是本实用新型壳体 *A—A* 截面结构示意图。

图 3-7（d）是本实用新型的结构示意图。

6. 具体实施方式

本实用新型中装有药物的封闭壳体 2 由水溶性胶囊材料制成，其内部填充治疗突发性疾病的常用药物。由于胶囊材料具备一定的弹性，把装有药物的封闭壳体 2 扣在纽扣本体 1 上，在纽扣本体 1 上的环形凹槽 2 的作用下将封闭壳体 2 紧固在纽扣本体 1 上，即得到纽扣式药丸，然后将此纽扣式药丸固定在衣领处，当突发性疾病患者发病时就可以直接用嘴将药丸咬下服用。服用后，可以另取一颗装有药物的壳体重新安装，以备不时之需。

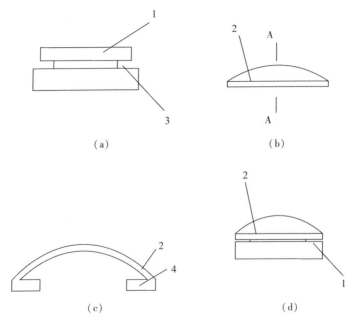

（a）　　　　　　　　　　　　（b）

（c）　　　　　　　　　　　　（d）

1—纽扣本体；2—封闭壳体；3—环形凹槽；4—凸台。

图 3-7　一种纽扣式药丸

（a）纽扣主体的结构示意图；（b）壳体的结构示意图；（c）壳体 *A—A* 截面结构示意图；（d）结构示意图

7. 从技术能力看该技术

本实用新型利用纽扣上的环形凹槽将封闭壳体下部的凸台卡住，封闭壳体包住纽扣，使装有药物的封闭壳体附着在衣领的纽扣上实现遇险时自行咬破救命的目的。

从创业角度而言，纽扣式药丸的加工制作较为简单，也十分适合创新创业项目的开发运用。纽扣式药丸不但可以作为药丸的载体，还可在此基础上再创新，在外观上可设计出款式新、造型时尚、花色多样的纽扣。从专利技术查新的结果来看，纽扣式药丸的近似技术几乎还是一片空白，该项目特别适合女性创业。另外，还可设计创意领口纽扣，如图 3-8 所示。

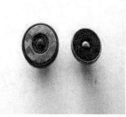

图 3-8　创意领口纽扣

思考题

1. 关于创新创业国家的相关鼓励政策有哪些？
2. 工匠精神的特质是什么？
3. 企业为什么需要创新型员工？
4. 创业如何占领市场份额？
5. 创业为什么要创新？

第 4 章

创业者如何做管理者

4.1 企业管理者的称呼及基本含义

4.1.1 CEO 的基本含义

首席执行官（Chief Executive Officer，CEO）为一种高级职务名称。在一个经济组织中，首席执行官是负责日常事务的最高行政官员，又称作行政总裁、总经理。

4.1.2 董事长、总裁、CEO 的区别

董事长（Chairman of the Board），又译为董事会主席，指的是一个公司的最高领导者。董事长也是董事之一，由董事会选出，其代表董事会确定公司的发展方向，制定发展策略。

总裁指某一组织中，全权裁决组织内事务的人。

董事会只能由董事长召集，非例行的股东大会一般也只能由董事长召集（或者由股东联名呼吁召集），总裁和 CEO 都由董事长任命，CEO 被罢免依然可以保留董事职务；即使 CEO 没有多少股份，股东往往也会允许他在董事会继续待下去。

CEO 向公司的董事会负责，而且往往是董事会的成员之一。在比较小的企业中，首席执行官可能同时又是董事会主席和公司的总裁，但在大企业中这些职务

往往是由不同的人担任的，避免个人在企业中扮演过大的角色、拥有过多的权力。

4.1.3　领导的定义

领导有两层含义，一层是作为名词，是领导者的简称；另一层是作为动词，表示领导者的一种行为。领导是在一定条件下影响个人或组织，实现某种目标的行动过程。领导的本质是人与人之间的一种互动过程。

领导者是指在正式组织中经合法途径被任用而担任一定管理职务、履行特定管理职能、掌握一定权力、肩负某种管理责任以更有效实现组织目标的个人或集体。

领导是领导者为实现组织的目标而运用权力向其下属施加影响力的一种行为或行为过程。领导工作包括五个必不可少的要素，领导者、被领导者、作用对象（即客观环境）、职权和领导行为。领导的关键是发挥对下属的影响力。

4.2　企业管理者的基本工作

4.2.1　企业管理的艺术

企业管理是一门学问，是行为艺术的体现，也是个人魅力和能力的展现。善于管理的领导者，受到员工的尊重，凝聚力强；不善于管理的领导者，整天面临员工的牢骚、不满和对立。同样一件事不同的人去管理，有的能事半功倍，有的则得不偿失。

有人说："一只狼带领一群羊，能打败一只羊带领的一群狼。"言下之意就是，企业管理者要敢作敢当、身先士卒，做事要雷厉风行，不畏艰难，迎难而上。那种优柔寡断，瞻前顾后，当断不断，没有主见和魄力的领导者很难取得成功。

企业中的员工往往分为三种：第一种是混世度日、不思进取的员工，第二种是胆量小、不敢做事、处处怕犯错的员工，还有一种员工有自己的思想和见解，按规律和事实做事。

作为一名企业管理者，如何取长补短，做到物尽所能，人尽其用？如何把三种员工的缺点变成优点，从不思进取变得积极向上，从胆小怕事变得主动做事，从好高骛远变得虚心谨慎？这便是考验管理水平的时候，也是展示才华的时候，这也是企业管理者的责任与义务。

企业管理者的职责就是合理利用和安排工作生产上的人力资源，做好工作中的后勤保障，监管员工的工作效率。聪明的企业管理者只看结果，不看过程，看谁会干、谁能干、谁会巧干。

作为一名企业管理者，用人要从实际出发，不拘一格。要把会做事、能做事、做好事的人放到重要岗位，而不能徇私情、重情义。如果违背原则将一些资质平庸的人塞到不能胜任的地方，将给企业留下隐患。

企业管理者的威信建立在公正、公平、理解和信任的基础上。"用人不疑，疑人不用。"在工作中，管理者要以理服人，以德育人，以情感人。教育、批评人要像春风化雨一样，能滋润禾苗，使其茁壮成长。作为一名企业管理者，要让员工从心里认同你、接纳你、尊重你，对你心服口服，才能有凝聚力，才能有团结力，做事才能有效率。经常指责他人，以罚款相威胁，以自身背景作为依仗而目中无人、自高自大，这样的企业管理者没有威信可言。要想别人尊重你，首先懂得尊重别人。此外，企业管理者还应有大志向、大视野、大胸怀。

企业管理者的责任就是管理好人力资源。要用得恰到好处，将员工潜能发挥得淋漓尽致。如果一名企业管理者天天做那些鸡毛蒜皮的事情，就占用了领导者这个职位的资源，没有好好行使手中的权力为单位创造效率。

4.2.2　企业管理者的工作

企业管理者的主要工作内容可分为两部分，即管人和管事。管人包括选人，培养人，打造高效的团队，打造企业文化；管事包括各目标、各业绩的达成，各种管理问题的处理，各部门关系沟通协调，公司的各种规范制度、流程的建设。

4.2.3　企业管理者与员工的关系

企业管理者是榜样、是楷模，他的一言一行将影响整个团队。如果企业管理者会学习、爱学习，那么员工就一定会学习；一名企业管理者讲究细节、工作认真，那么，他的员工就也会讲究细节，工作非常认真；一名企业管理者考虑未来，谋求进步，那么，他的员工也一定会积极进取。企业管理者不学习，员工就可能不进步；企业管理者不注重细节，员工就可能粗枝大叶；企业管理者没有远见，员工哪来的未来思考和职业策划。总之，企业管理者与员工之间是鱼和水的关系，是上下级关系，又是一种有着共同利益和各自利益的关系。

4.3　做一名好的企业管理者

4.3.1　员工喜欢什么样的企业管理者

1. 按时发工资，不拖发工资，诚实守信

很多企业一直存在拖发工资现象，最长的可以拖至半年不发，这使员工的工作积极性全无。想要调动员工的工作积极性，应该按时发工资，这点尤为重要。员工都会犯错误，只要不是原则性的问题，最好以谅解为主，这样会显得大度、仁爱，从而激发员工的工作积极性。

2. 按时上下班，不无故加班

国家规定的上班时间不超过八小时，所以不要过多地占用员工的时间，以至于让员工心怀不满。

3. 不要经常发脾气

企业管理者发脾气时，大多数时候员工会默不作声。不要对员工发脾气，员工是需要尊重的，他们才能够更好地为企业创造财富。一名企业管理者的承受能力有多大，他的事业就有多大。企业管理者是企业负责人，不管企业处于逆境还是顺境，都需要学会控制情绪。

4. 福利待遇也很重要

员工福利其实是员工激励形式的一种，属于物质性激励方面的内容。企业给予员工合理的福利待遇，可以很好地提高员工的工作积极性，团结员工的凝聚力，提升企业的竞争力，帮助企业吸引员工，保持企业员工的稳定性，树立企业的良好形象。

4.3.2　怎样成为一名好的企业管理者

1. 了解你自己

希腊神庙上的箴言说"了解你自己"，老子也说过"自知者明"。企业管理者必须了解自己的财力、知识、经验、能力，了解自己性格的优点和缺点，了解企业的人力、物力以及产品、服务等，才能量力而行。

2. 知人善任

企业管理者必须了解员工的知识、经验、能力，让合适的人做合适的事，人

尽其才。不管什么公司，首先要全面了解员工的知识水平、思维方式和性格特征，树立德才并重的人才观。要学会量体裁衣，把人放在最能发挥其特长的岗位上，实现人与岗的完美结合。

3. 知己知彼、善于学习

公司必须了解竞争者的优势、劣势，企业管理者必须善于预测对手。

企业管理者的学习能力深刻影响企业的生存和发展。企业管理者必须善于向书本学习、向下属学习、向对手学习、向朋友学习，要学习经验，吸取教训。企业管理者必须是某一领域的专才，才有一定的权威性和话语权。所以，企业管理者须不断学习，谋求进步。

4. 果断决策

优柔寡断的企业管理者让下属失望。作为领导者既要心胸宽广、不计个人得失，讲究科学决策，又要当机立断，承担决策风险。

5. 善于授权

企业管理者决策时要善于借助参谋部门，在落实时要善于放权给事业部门、执行部门和实施部门。分权制比家长制更能发挥中层主管的积极性和创造性。

6. 不断创新

要保持企业的活力，就要不断地对产品、环境、服务、价格、推广进行革新。只有不断创新才能谋求进步。要懂得知识产权相关的法律法规，从而利用法律武器保护自己。

7. 宽厚包容

海纳百川，有容乃大。宽容的企业管理者让下属更感激、更卖力。作为领导者，应当严于律己、宽以待人，多关注下属的优点，对做出成绩的下属予以表扬和奖励，对心直口快、敢于提意见的下属持鼓励的态度。

8. 善于倾听

企业管理者应尊重员工，不应专横傲慢，颐指气使。要善于倾听，多听下属意见、他人反映的情况、新的想法和点子，并主动与下属交朋友。虚怀若谷者比盛气凌人者更容易接近下属，从而带领下属创造新业绩。

9. 讲究信用

"言必行，行必果。"诚实守信、说话算话的企业管理者越来越受员工的欢迎和认同。作为企业管理者，要说话算数，不要信口开河，工作中切忌用假话哄人，

对下属承诺的事，应当认真地去兑现，若遇特殊情况一时解决不了，则应说明原因。一位言而有信的企业管理者，才会有威信，才有可能赢得部下的信赖；反之，就会失去在下属心目中的威信。

10. 变企业为大家庭

企业管理者要善于关心员工，照顾下属，让员工感受到温暖。此外，企业管理者不仅要会用人，还要为下属着想，关心他们的疾苦，为他们排忧解难，帮助他们不断进步。

4.3.3　中国私营企业倒闭的原因总结

开办企业是每一个创业者梦想成功的平台，从古至今创业者都希望自己的企业或门店成为百年老企、百年老店，但能真正做到的不过几家而已，中国私营企业倒闭的原因大致如下。

1. 哥们式的合伙

中国私营企业最常见的聚散模式是公司创办之初，合伙者以感情在无制度、无章程、无原则的条件下合伙，责、权、利不清，为后续的工作埋下了隐患。

企业做大后，矛盾开始彰显，于是"排座次、分权利、论荣辱、分你我"，矛盾日益突出、纠纷涌现，最终导致企业的倒闭。

2. 盲目崇拜

众所周知，关系是推动生产力的必然要素，因此社会关系的建立和运用是创业者生存和发展的必要能力；但关系不等于生产力，把社会关系当成解决企业发展所有问题的灵丹妙药仅仅是一种空想，忽略了"打铁还须自身硬"的古训，企业管理本末倒置，好坏难辨，赏罚不清，大患迟早降临。

3. 迷信"空降兵"

企业经营时迷信引入"外资"，错误地认为"鲶鱼效应"适合所有企业，结果，不但没有用好引进人才，反而得罪了本土人才，使其心凉情散、离心离德，最终造成人走财散、柱倒屋垮的结果。

4. 企业支柱亲信化，诚信缺乏

企业管理者十分霸道，仅靠处罚来管理员工，遇事不论大小全凭个人感觉处理一切问题，过于相信亲信，办事过于教条；缺少科学管理知识，缺少个人素质，意气用事；小家办企业，做事无诚信，说话不算话，奖惩无依据。

5. 面子大于真理

人与人之间为维持相互依赖的关系，做事违心违愿而力求办事效率，这样一来，企业办事无原则、章程贴墙摆样子，维持人际说假话。

面子是企业科学管理最大的定时炸弹，一味追求利益而放弃原则，必将产生私利侵吞、损公肥私、贪污腐败等现象。

6. 商业式迷信

创业成功不靠勤奋努力、诚实经营，而是搞封建迷信，罗盘神签加卦相；香火缭绕进庙堂，闭目顶礼来膜拜，求机运获财富，唯独缺创意，日日无进步，导致企业无竞争力。

7. 求人不如求自己

职场上交友不慎，频频受骗，不认真反思、吸取教训，总认为"背靠大山好乘凉"，万事自己不努力，全依投机占多利，这样的人去创业，永远不可能成功。

8. 拉帮结派企业化

职场上难以避免与人打交道，但一些人在企业内部拉帮结派搞阵营，结果伤害了同事们之间的感情，最后失去企业的效率和凝聚力，造成人心浮动，办事效率差，人人有戒心。

9. 沉湎酒色

有人因为无力控制欲望而沉湎酒色；有人因为事业再无激情而沉湎酒色；有人因为"过去吃了苦"，怀着补回来的心态沉湎酒色；有人因为"人生苦短"，信奉赚钱是为了享受的哲学沉湎酒色。最后，疏于对企业的管理，导致企业倒闭。

10. 投资冒险主义

拿有限的钱去搏很小的巨额获利机遇，往往得不偿失。人要实际才能知福知乐，人要努力才能丰衣足食。因此，要关注实际，要有良策良计。

11. 投资经验主义

世上只有勤劳路，哪有投机一生运。大凡成功人士，起家之时也计分毫得失。因此，投资经验主义并非万权之策。

12. 过度追求系统平衡

企业是由各个系统、各个部门组成的，成败取决于团队合力，所以，它们彼此之间需要有动态的信任和平衡。但企业管理者过分看重平衡，在奖惩政策、职位提升、部门权限、业绩考核等方面一味强调"一碗水端平"，最后优者不奖、错

者不罚，企业所要的平衡反而荡然无存。

13. 完美主义群众化

完美主义不是坏事，但若不讲实际一味追求完美，就会适得其反，给个人和企业带来无尽的麻烦。完美主义的企业管理者总想实现最高的目标，过于理想化，最终得不偿失。

14. 附庸风雅

与时俱进没有错，"泥墙贴金"就有误。一窝蜂去登山，一窝蜂去打高尔夫，一窝蜂去读 EMBA，一窝蜂墙上挂艺术品，却并不是出于爱好或需求，而是因为模仿及炫耀，不注重企业实际情况，导致企业倒闭。

15. 不思进取

时代在进步，社会在变革。日新月异的发展促使了人们学习的需求。企业管理者每天要处理各种各样的情况，事情一多就不愿意学习了，不读书不看报，不愿意专门花时间参加培训，结果被社会抛弃。

4.4　企业管理者的用人原则

选人之道博大精深，用人之才也要讲利益得失。人是复杂的，如何促进人与组织的和谐，如何选择合适的人，需要企业管理者去探索、思考。

1. 人品

有的人拉帮结派、两面三刀、玩弄权术，这样的人可能能力比较强、善于迷惑人，表面一副正人君子的模样，满口仁义道德，实则为了个人利益。这样的人还是敬而远之比较好，切不可以成为合作伙伴。

对自己充满自信，做事执着，有良好的道德修养，有宽广的胸怀，能包容反对自己的人，背后不言人。好的人品应该是为人正直、真诚、宽容、豁达。我们虽不可能做到如圣人般天下为公、无私奉献，但一个人有一颗善良、仁爱和诚信之心，才可以与之同舟共济、共渡难关。

2. 态度

做人做事，总有失败或困顿的时候，但能始终以敬业之心、孜孜不倦的态度顽强坚持的人，才有成功的可能。态度决定一切，没有什么事情做不好。事情还没有开始做，你就认为不可能成功，那当然不会成功，或者你在做事情的时候不认真，那么事情也不会有好的结果。你为一件事情付出了多少，对事情采取什么

样的态度，就会产生什么样的结果。所以看人不要只看表面的形象，还应看他做人做事的态度。很多聪明人不能成事，主要原因就是缺乏认真刻苦、深入钻研的态度。

3. 能力

不要只看一个人能力，能力有时只是一个人的发展基础。有些人可能某方面的能力不强，但对自己的帮助和支持却很大，同样可以成为良好的合作伙伴。而且每个人都有各自的长处、优点，彼此之间相互支持、理解，就会共同进步和提高。以德为先、德才兼备不仅是选用人才的标准，也是选择朋友或合作伙伴的标准。

4. 任人唯贤

作为企业管理者，不仅应长于科学决策，而且要努力做到知人善任。了解员工的素质、性格、作风，了解员工的长处与弱点，用其所长、避其所短、量才使用，调动其积极性，充分发挥其聪明才智。

作为企业管理者，要尽量避免感情用事，不要任人唯亲。对下属，不要亲者近、远者疏，而应当从工作出发，一视同仁，唯人才是举，提拔、重用有才干的员工，放手让员工大胆工作。企业管理者应礼贤下士，不委屈勤恳工作的职员，不怠慢具有开拓精神的员工，不排挤德才兼备的功臣。

4.5 创新促创业作品实例

4.5.1 创新促创业作品实例1：一种便携式超声波搅拌机

1. 所属技术领域

本发明属于家用生活电器用品技术领域，特别涉及一种便携式超声波搅拌机。

2. 背景技术

现在喝咖啡或豆浆已成为一种风尚，但是市面上提供的搅拌机是通过电机带动一个搅拌棒使液体旋转，以此来达到搅拌的目的；或者是直接拿着搅拌棒来回搅拌。电动搅拌器对于大颗粒的饮品无能为力，只能让水将其慢慢软化，之后才可溶于水；手持搅拌棒一方面会带来搅拌棒的清洗和保洁工作，同样对于大颗粒的饮品也不能及时将其溶解。

鉴于此，有必要提供一种更好的装置，以改变现有的家用搅拌机无法使一些大颗粒物质及时溶解的现状。

3. 发明内容

现有的家用搅拌机无法使大颗粒物质及时溶入水中，有些搅拌机只能搅拌，不具备加热保温的功能，基于此，本发明提供一种可以使大颗粒物质及时溶入水中，让待搅拌的液体加热保温的便携式超声波搅拌机，实现让人们可以舒适地喝咖啡或豆浆的目的。

4. 技术方案

本发明主要包括盖子 1、机身 2、基座 3、总开关 4、控制电路板 5、压电陶瓷片 6、保护开关 7、多谐振荡电路 8、功率放大电路 9、电源 10，如图 4-1 所示。将搅拌机接入市电，由控制电路板 5 里的电源转换电路得到电源 10 和功率放大电路 9 需要用到的电源。盖子 1 内表面有反射物质，超声波具有沿直线传播的特点，需要将反射出去的超声波重新反射回水里被水消耗吸收掉。机身 2 为整个搅拌机的主体结构，压电陶瓷片 6 位于机身 2 内表面的底部，与机身 2 融为一体，可以保证将压电陶瓷片 6 产生的超声波完全没入水中，且方便搅拌机清洗。总开关 4 位于基座 3 上，总开关 4 位于市电与控制电路板 5 里的电源转换电路之间，负责整个工作电路的总控制作用。在盖子 1 与机身 2 之间有一个保护开关 7，保护开关 7 为一个弹簧开关，当盖上盖子 1 时，盖子的重量压着保护开关 7，使保护开关 7 处于闭合状态，将电源 10 与多谐振荡电路 8 接通，让电路开始工作。如果总开关 4 处于闭合状态，但是没有将盖子 1 盖在机身 2 上，则保护开关 7 处于断开状态，压电陶瓷片 6 同样也不会产生超声波。只有将盖子 1 盖在机身 2 上，工作电路导通，闭合总开关 4，压电陶瓷片 6 才会工作产生超声波。电源 10 将电源供给多谐振荡电路 8，多谐振荡电路 8 产生压电陶瓷片 6 所需要的谐振波，将高频率的谐振波通入功率放大电路 9 完成功率放大，使压电陶瓷片 6 的输出功率足够大，让液体内部的搅拌足够充分。

本发明的有益效果是：操作简单，体现人性化设计，能够给人们最便捷的搅拌效果；同时在搅拌的过程中，由于液体内部发生剧烈碰撞，可以起到一定的给液体加热的效果；清洗方便。

5. 附图说明

下面结合附图对本发明做进一步说明。

图 4-1（a）是本发明的西南等轴测图。

图 4-1（b）是本发明 A—A 截面的西南等轴测图。

图 4-1（c）是本发明 A—A 截面的东南等轴测图。

图4-1（d）是本发 A—A 截面的东南等轴测图的上部局部放大图。

图4-1（e）是本发的超声波产生电路图。

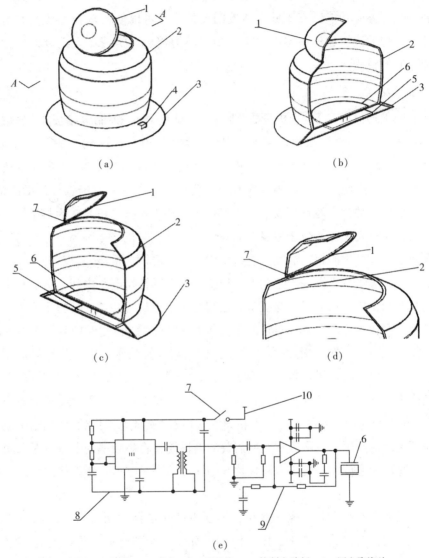

1—盖子；2—机身；3—基座；4—总开关；5—控制电路板；6—压电陶瓷片；

7—保护开关；8—多谐振荡电路；9—功率放大电路；10—电源。

图4-1　一种便携式超声波搅拌机

（a）外观西南等轴测图；（b）A—A 截面的西南等轴测图；（c）A—A 截面的东南等轴测图；

（d）A—A 截面的东南等轴测图的上部局部放大图；（e）超声波产生电路图

6. 具体实施方式

盖子1的内表面有反射涂料，机身2内表面也有反射涂料。在机身2内部的底

部有压电陶瓷片 6，压电陶瓷片 6 与机身 2 底部融为一体，压电陶瓷片 6 受控制电路板 5 的控制，控制电路板 5 将市电转换为多谐振荡电路 8 和功率放大电路 9 需要用的电源，再将转换好的电源分别接入多谐振荡电路 8 与功率放大电路 9，多谐振荡电路 8 负责产生超声波所需要的谐振波，再将谐振波通入功率放大电路 9，放大谐振波的功率，使压电陶瓷片 6 的超声波输出功率足够大。在市电与控制电路板 5 之间有总开关 4，总开关 4 控制整个搅拌机的电源，在盖子 1 与机身 2 之间有一个保护开关 7，保护开关 7 为弹簧开关，位于多谐振荡电路 8 的电源 10 与多谐振荡电路 8 之间。当盖子 1 盖在机身 2 上时，盖子 1 重量的一部分落在保护开关 1 上，将保护开关 1 闭合，使多谐振荡电路 8 接通，电路开始工作，压电陶瓷片 6 产生超声波。当盖子 1 没有在机身 2 上时，保护开关 7 处于断开状态，此时即便总开关 4 处于闭合状态，由于多谐振荡电路 8 没有接通电源 10，电路同样不工作，压电陶瓷片 6 不会产生超声波。

7. 技术创业看技术

本发明具有很明显的先进性，几乎没有同类型的发明专利申请与保护，所以专业性很强，生存性也很强。

从技术创业的角度来看，本发明较适合作为该技术相近专业大学生的创业方向。但该技术通过拓展，仍然可用于其他行业。

4.5.2　创新促创业作品实例 2：一种步行发电装置

1. 所属技术领域

本发明属于绿色发电装置技术领域，特别涉及一种步行发电装置。

2. 背景技术

随着人们对电能的依赖越来越强，不可再生能源的储量越来越少，各种形式的能量转化为电能被开发出来。现在电子产品很多，如不能及时充电，可能造成很大的麻烦。每次都要带一个充电宝也很不方便。鉴于此，需要一种可以在室外长时间提供电力的装置，让人们不用担心充电的问题。

3. 发明内容

为了解决人们在户外不能及时给手机等电子产品充电的问题，本发明提供一种通过在两只脚上佩戴磁铁与线圈，走路时，线圈通过与磁铁发生相对运动而产生电能，来达到在任意时刻都可以给手机等电子产品充电的目的。

4. 技术方案

本发明主要包括扣带 1、尼龙搭扣 2、强性软磁铁 3、线圈 4、输电线 5、储电

装置 6、USB 插口 7，如图 4-2 所示。该装置主要分为两部分，一部分由扣带 1 与强性软磁铁 3 组成，另外一部分由扣带 1 与线圈 4 组成。强性软磁铁 3 为一片状结构，可以是方形，也可以是圆形，厚度尽量薄，在强性软磁铁 3 侧边与之相连的是扣带 1，扣带 1 为两根长条状的布带，较厚实。在扣带 1 的末端有尼龙搭扣 2 负责将扣带 1 的末端连接在一起，从而将强性软磁铁 3 固定在人的脚踝上。在使用时，将强性软磁铁 3 朝向另外一只脚所在的那一面安装该装置。线圈 4 同样也为一片状结构，可以是方形，也可以是圆形。当线圈 4 为方形时，线圈 4 里的导线走线方式主要为竖直走线，形状为矩形，即当人们佩戴该装置时，导线呈竖直方向；当线圈 4 为圆形时，线圈 4 里的导线走线方式为跟随线圈 4 的形状，即圆形。在线圈 4 的侧边同样有扣带 1 与之相连，在扣带 1 的末端有尼龙搭扣 2 作为固定扣带 1 的结构。在线圈 4 的下方有一根输电线 5，输电线 5 与线圈 4 里的导线相连，负责将线圈 4 切割强性软磁铁 3 产生的电能输送到储电装置 6 里进行转化并储存起来。与输电线 5 另外一端相连的是储电装置 6，储电装置 6 为一个带有将线圈 4 产生的不稳定电能转化为稳定电能的蓄电池。在储电装置 6 上有 USB 插口 7，手机等电子产品可以直接与该 USB 插口相连进行充电。

本发明的有益效果是：简单小巧，可以提取人们走路时散失掉的能量，使用方便，构思新颖，能够给人们带来及时方便的充电条件，让人们不用再为在户外充不到电而担心。

5. 附图说明

下面结合附图对本发明做进一步说明。

图 4-2（a）是本发明的西南等轴测图。

图 4-2（b）是本发明的东南等轴测图。

图 4-2（c）是本发明储电装置的局部放大图。

6. 具体实施方式

本发明安装在脚踝上使用，分为两个部分，一部分为磁铁结构，另外一部分为线圈结构，将本发明的两个部分分别通过扣带 1 固定安装在两只脚的脚踝上，使强性软磁铁 3 与线圈 4 相对放置，人们在行走时，带动强性软磁铁 3 与线圈 4 相对运动，从而使线圈 4 切割磁感线产生电能，再将该电能通过输电线 5 送到一个统一的储电装置 6 进行储存。

强性软磁铁 3 为一片状结构，较薄，重量轻，在强性软磁铁 3 的侧边与之相连的是两根扣带 1，在扣带 1 的末端为一对尼龙搭扣 2，线圈 4 可以将扣带 1 固定在一起，从而将强性软磁铁 3 固定在人们的脚踝上。线圈 4 也为一片状结构。当线圈

4 为方形时，线圈 4 里的导线为竖直走线，保证人们在行走过程中能够使导线最大限度地切割磁感线，从而产生更多的电能。在线圈 4 的下方，与之相连的是一根输电线 5，输电线 5 为一根软输电线，传输线圈 4 产生的电能，与输电线 5 另外一端相连的是储电装置 6，储电装置 6 为一个电池模块，可以将线圈产生的电能储存下来。在储电装置 6 里有将线圈 4 产生的不稳定电能转为稳定电能的转换电路；在储电装置 6 上有 USB 插口 7，将储电装置 6 里的电能传送出来，供给手机等电子产品使用。

　　扣带 1 为长条状布带，较厚实；尼龙搭扣 2 为市面上正常使用的尼龙搭扣；强性软磁铁 3 的厚度较薄。

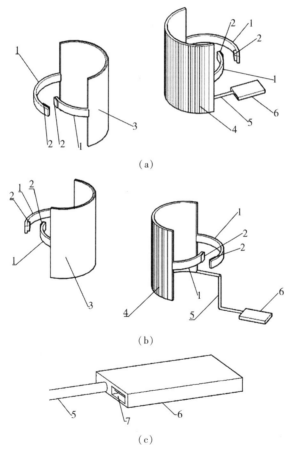

1—扣带；2—尼龙搭扣；3—强性软磁铁；4—线圈；5—输电线；6—储电装置；7—USB 插口。

图 4-2　一种步行发电装置

（a）西南等轴测图；（b）东南等轴测图；（c）储电装置的局部放大图

★ 链 接

大一男生发明步行发电装置

20 岁邓先云是重庆师范大学的学生，同他也是一家科技公司的 CEO，他和朋友们把走路变成了创业项目。在首届重庆青年创客智能应用大赛决赛现场，邓先云展示了一双可以走路发电的运动鞋。穿上这双鞋，只要一走路就能发电，把自己变成了移动电源，可随时随地为手机、电脑充电。

1. 从打火机中找到灵感

谈到研发发电运动鞋的灵感，邓先云笑着说："其实灵感是来自一个小小的打火机。"打火机一按就能打火，是因为打火机的打火器内装有压电陶瓷元件，通过按压便会放电，从而产生电火花点火。根据这样的灵感，邓先云和朋友们想到，人在走路时，脚跟也会不断地压到鞋底，如果将压电陶瓷技术运用于其中，不就能将其转换为能量吗？"行走中的动能，经压电陶瓷技术瞬时转换发电，并存储于微型电池中，随后提供给其他电子设备，这就是我们的智能发电运动鞋！"邓先云说。

2. 穿鞋走 7 000 步可充 12 000 毫安时电量

邓先云在现场秀起了他带来的一双黑色"发电鞋"。《重庆时报》采访人员看到，这款能发电的黑色运动鞋，外观看上去与市场上售卖的普通厚底高帮运动鞋并无差别。但仔细观察，会发现在鞋带附近藏着一个普通手表大小的方形显示屏，旁边还有个 USB 接口。"今后卖的量产成品，除了显示屏，其他设备都会隐藏在鞋子夹层中，不影响美观。"邓先云说，他们将压电陶瓷元件安装在这双鞋子的鞋跟位置，只要穿上一走动，就能"发电"，而蓄电池大约安装在脚踝的位置。邓先云穿上鞋子绕着圈走了几步后，电子显示屏显示出他刚才所走的步数和运动轨迹，将手机充电线接至鞋身上的 USB 接口，手机立即显示充电状态。邓先云说，根据他们之前多次测验，穿发电运动鞋步行 7 000 步，便可以为每一只鞋储存电量 6 000 毫安时，一双鞋 12 000 毫安时，能为 iPhone 6 手机充电 4 次。

邓先云已经在大渡口区成立了一家科技公司，自己任 CEO。现在，邓先云和团队发明的智能走路发电运动鞋，已经取得了实用新型发明专利。

7. 技术创业看技术

怎样节能？采用哪些方法来节能？本发明做出了很好的回答。它通过磁铁与线圈的相对运动来实现电能转换，从而达到在任意时刻都可以给手机等电子产品充电的目的。

步行发电是继煤能发电、重油发电、风能发电、太阳能发电、波能发电、地热发电等之后的另一种发电方式，值得鼓励、值得研究、值得运用，当然更值得推广。

思考题

1. 你想做企业管理者吗？做企业管理者应注意哪些问题？
2. 你认同职场"潜规则"吗？你愿意遵守"潜规则"吗？
3. 职场"行为规范"对职场发展有帮助吗？

第 5 章

大学生择业与创业

5.1　大学生择业观与择业原则

5.1.1　大学生择业观

1. 择业和择业观的概念

择业就是将要踏入职场的人根据自己的职业理想和能力，从各种职业中选择一种来作为自己将要从事的职业的过程。在职业选择过程中，择业者要考虑自身的兴趣、能力、个人需要及社会发展等因素。

择业观是人们在择业过程中最根本的观点。择业观属于择业过程的心理层面，是择业主体对选择某种社会职业的认识、评价、态度、方法和心理倾向等。社会的需要程度、地域、收入、职位、工作条件等都是择业者要考虑的因素。它是择业者职业理想的直接体现，人们的社会行为直接受思想观念的支配、引导，择业者的择业行为主要受择业观支配。

2. 大学生择业观的特点

大学生在完成学业以后，必须以普通劳动者的身份进入社会，选择所从事的职业，以获取稳定的收入。大学生择业观是大学毕业生对于择业目的和意义的比较稳定的看法和态度，它与大学毕业生自身利益和日常生活最为密切，是大学毕

业生价值观体系中的重要组成部分。大学生择业观实际上是大学生群体在其择业过程中的思想意识的折射。大学生择业观的形成是一个长期、复杂的过程，是大学生在读书学习、社会实践、接受教育等活动中逐渐形成并成熟的。

大学生择业观有以下特点。

（1）时代性。大学生择业观的形成和发展，与时代的变化是紧密相连的。不同时代的大学生有不同的择业目标，大学生择业观表现出强烈的时代气息。

（2）主体性。从横向比较来看，大学生择业群体有鲜明的特征，如积极、富有生气、敢说、敢想、敢干，但缺乏社会生活经验。在职业选择过程中，他们崇尚自我，以个人为中心，注重个人奋斗，强调自我价值。

（3）差异性。大学生择业观因大学生的地域不同、学历层次不同、专业不同、性别不同、需求重点不同而表现出明显的差异性。从学科专业来看，大学生学习有文科、理科、工科、农科、医科、经济、管理、艺术等众多领域。从地域分布来看，大学生就业去向有东部与西部、沿海与内地、本地与外地等差异，这些差异性主要体现在升学与职业选择上。

3. 择业观对大学生择业的影响

择业观中的择业动机直接影响大学生职业目标选择。只有在正确的择业观指导下，大学生才能根据社会对人才的需要及自身的理想、特长，确立既有利于社会、又有利于个人的择业目标。

择业观是大学生知识经验中的重要组成部分，随着专业学习和社会实践的深入，大学生世界观、人生观、价值观逐步确立，此时，他们明确了选择某一职业的价值和社会意义，形成了自己的择业动机，并从这种动机出发选择职业。同时在自我与职业目标之间架起了桥梁，找到了职业选择的基本途径，这标志着大学生择业观的全面性与深刻性。择业观的日渐成熟，对大学生的择业活动起指导作用。所以，要帮助大学生形成理性的择业目标，科学地认识各种职业，建立合理的知识结构，提高自身综合素质，积极参与社会竞争，在任何职业领域里爱岗敬业、勤奋刻苦，踏实做好本职工作。

现代社会对大学生知识结构和综合素质能力提出了更高的要求。面对时代的严峻挑战和压力，大学生应建立合理的知识结构，提高综合素质。大学生应该在入学时就逐步确定今后的择业和就业方向，自觉地把大学学习同今后的择业就业紧密联系起来，建立合理的知识结构，培养和提高创业与实践能力。

5.1.2 大学生择业原则

1. 发挥个体优势的原则

每个人的素质是有差别的，要充分体现人尽其才、才尽其用的原则，因此，大学毕业生选择职业时，要扬长避短，充分认识和发挥自身的优势，以自己的特长或某一优势来考虑职业选择，为今后顺利、出色地完成本职工作奠定基础。

2. 先就业再择业的原则

求职的大学毕业生，要调整好择业心态。要改变"一步到位""从一而终"的择业观，避免脱离现实、攀比或过于精挑细选而错失就业机会，避免由于自身择业观念而导致"有岗上不了、有职任不了、有业就不了"的情况，合理确立就业期望值。理想与现实之间总有距离，应及时调整自己的职业期望，最好不要去做让现实适应自己的徒劳之事。要积极主动地探寻就业机会，避免在消极等待中耽误择业。

很多时候，大学毕业生并不能马上就找到理想的岗位，此时应先就业，增加自己的经验和阅历，待时机成熟、自身能力提升之后，再进入理想的岗位。

3. 有利于成才的原则

成才是每个求职者的渴望。如何把握成才的原则呢？首先，要从个人职业生涯发展角度进行择业。其次，择业时要分清主次。没有完美的职业，地域、收入、条件、公司发展前景等都符合要求是很难的，大学毕业生应从是否有利于自己才智的发挥、是否符合社会的需要出发，进行抉择。

4. 面向未来的原则

大学生在初次选择职业时，要立足现实、瞄准长远，用发展的眼光找准自己的用武之地。无论选择什么职业，只要选择的是正确的人生方向，都有机会走向成功。现实中，有越来越多的大学生选择从看似不起眼的工作起步，脚踏实地，取得了惊人的成就。

5.1.3 树立正确的择业观

刚出象牙塔的大学生即将步入社会，怀揣梦想，有志一搏。但走进职场之前又该知道什么呢？

1. 树立正确的择业观，务实不务虚

大学生初出茅庐，少些幻想，多些实干，切勿眼高手低。很多大学生刚毕业时觉得自己一身本领，择业时很容易犯眼高手低的毛病，认为公司大材小用，实际上大学生最缺乏的是实践，所以，应先行动起来。

2. 找准自己的社会角色，确定好自己的社会位置

大学生在择业前应该对自己有一个正确的认识和评价，能够根据自己的素质、兴趣、气质、个性及能力等找准合适的位置。既不过高地估计自己，也不妄自菲薄，准确地找准自己的社会角色，确定好自己的社会位置，实现自身价值。

3. 树立科学的人生价值观，改变不良的择业观

面对种种不正确的择业观，科学的人生价值观的引导显得尤为重要。在社会主义市场经济中，多样化的生产关系必然影响大学生的价值观念，部分大学生产生实用主义、享乐主义、金钱至上的价值取向，有的大学生因追求奢华生活未果，或个人非正当需求不能获得满足，而迁怒他人、归罪领导或老师、毁损公物直至违纪违法；有的大学生受错误思潮的影响，不能把理想前途与自身优势、个人特点及专长联系起来加以分析，对自己以后的出路和从事何种职业缺乏正确的思考和选择，因此，必须树立科学的人生价值观。

4. 树立积极的、有效的择业观，面对现实

目前大学生就业中存在许多问题，需要进行职业生涯的指导，引导每个大学生树立自我价值与社会价值相结合、个人价值的实现以国家和人民的需要为前提的正确择业观；正视现实、调整心态，正确分析自己与就业市场，保持积极健康的求职心态；改变一次就业、一步到位的观念，不因为第一次择业不够理想就丧失信心，树立多次择业的观念。

5. 转变就业观念，重视中小企业的就业机会

大学生转变就业观念是社会的需要，也是我国社会发展的要求。大学生是企业发展壮大的重要人力资源，大学生如果转变就业观念，重视中小企业的就业机会，将调整人才资源的合理配置，促进社会的全面发展，减少地区间发展的不平衡性，从而提高我国的综合国力。相对于大公司而言，中小企业提供的就业机会要多得多，因此，大学生选择中小企业就业既可以缓解社会就业压力，又可以使自己的知识和技能得到施展，使个人价值得到充分实现。

大学生择业要从客观规律出发，以自身的能力和素质为基础，结合自己的长处和特点、兴趣爱好等，根据就业环境从实际考虑，再做出正确的选择。

5.2 大学生创业项目的选择

5.2.1 树立正确的创业观

大学生创业是一种以在校大学生和毕业大学生群体为创业主体的创业过程，创业逐渐成为在校大学生和毕业大学生的一种职业选择。大学生创业带来了众多机遇与挑战，大学生有着较为丰富的知识储备，但社会实践经验与能力不足，与创业的成功要素相矛盾，导致很多大学生创业在初期就失败。大学生应从以下几个方面树立正确的创业观。

1. 有创业失败的心理准备

大学生选择创业，必须要有创业失败的准备，这样才能更加清楚地认识创业。除此之外，要有积极创业的思想准备。创业是拓展职业生活的关键环节，在就业压力较大的社会环境中，创业意识强烈并且思想准备充分就能获得更好的发展机会，甚至帮助别人就业。选择创业还必须做好艰苦奋斗的心理准备。

2. 发挥自身优势，选择有利于自己创业的方面

大学生刚开始创业，大多欠缺创业的前提条件。大学生可以利用自己的知识、才能和技术，以自筹资金、技术入股、寻求合作等方式创立新的就业岗位，并依法获得劳动报酬。很多大学生在刚创业时缺乏资金，人们都说"巧妇难为无米之炊"，这是大学生创业的不利因素，但大学生拥有丰富的知识、良好的素质，表现为思想道德素质、科学文化素质、身体素质、性格与心理品质素质等，这些素质是优势，有利于大学生创造性的发挥，有利于大学生个性的展现。

3. 有敢于创业的勇气

创业艰苦磨难多，只有创业的思想准备是不够的，还需要有创业的勇气，敢于创业、善于创业。勇于创业已经成为教育培养人才的一个目标，破除依赖心理和胆怯心理，勇敢地接受创业的挑战，做一名创业者，是当代大学生应该具有的精神品格和时代风貌。

4. 提高创业的能力

创业不仅仅需要勇气，更需要能力。一个成功的创业者，需要审时度势，更需要长远的眼光。大学生选择创业，要有敏锐的商业眼光，善于捕捉市场的契机，统筹兼顾，发掘创业机会，并及时进行商业投资。既要不拘泥于现有模式，又充

分考虑自身的条件、创业的环境等各种现实因素。

　　总之，大学生树立正确的择业观与创业观，无论对其个人而言还是对社会来说，都是有百益而无一害的。树立正确的择业观，打破职业框架，拓展全方位就业思想，在竞争中不断提升，让自己在择业和创业的浪潮中把握好人生的方向，迈出成功和决定性的第一步，并能成为一名有作为的职业者。创业观方面，首先要有明确的目标，切勿盲目急躁，切勿急于求成，欲速则不达。

5.2.2　怎样选择适合的项目

　　许多大学生报怨创业难以选项目，但很少有大学生认真思考一个问题，那就是哪一行适合去创业。其实回答这个问题并不难，答案是：扬长避短、从小做大；助学终始，铸就行家；创新创业，促新行业。

　　要创业，首先要找项目。选择适合自己的、成功率高的创业项目，是非常重要的。那么，如何选择适合自己的创业项目呢？选择创业项目时有哪些原则和技巧呢？

　　1. 知己知彼

　　初入社会的大学生相对缺乏经验和知识储备，在选择合适的项目时要做到四个字：知己知彼。知己，就是清醒地审视自己，包括知识积累与结构、优势、兴趣、性格与心理特征等；知彼，是对社会发展趋势有所认识，了解社会稳定的、潜在的需要。

　　2. 选项要花功夫

　　既然选择目标事关人生，就不可随随便便，必须要经过充分的论证。在这个过程中，要舍得花时间、花力气，要能够静下心，认真调查研究，寻找事实根据。

　　创业项目选择上尽量符合自身情况，切勿不切实际。在这个时代，很多人头脑一热就开始创业。选择创业就是选择了艰苦奋斗、坚韧不拔。创业非常艰辛，必须耐得住寂寞。

　　3. 选项要有特色

　　大学生不论是打算校园创业还是毕业之后创业，都要根据自己的优势，选择有特色的项目，提高成功的概率。

5.2.3　选择创业项目的标准

　　最好的创业项目不一定适合自己，只有适合自己的才是最佳的。检验创业项目是否最佳有六条标准，具体如下。

1. 自己是否感兴趣或熟悉

兴趣是最好的老师，对某项事情感兴趣，一般就容易做好，并且会事半功倍；如果对某项事情不感兴趣，一般不容易做好，即使最后做好了，也会事倍功半。因此，创业者最好选择自己感兴趣的行业和项目。熟悉的行业和项目有两层含义，一是自己所学专业领域的项目；二是平时对这个项目或者产品比较熟悉。

2. 项目本身是否可行

项目本身是否科学和可行是创业成败的关键，如果项目本身不科学也不可行，即使付出再大的努力，最终还是要失败。在选择项目的时候还要检索大量的资料，进行市场调查，进行对比分析，通过充分的讨论和研究，再下结论、作出决策。

3. 是否有独立发展空间

如果自己对某个项目感兴趣，项目本身也科学可行，但是如果没有独立的发展空间也是不可取的。选择了没有独立发展空间的项目，意味着要进行残酷的竞争，即使最后能够争取到立足之地，其结果也是得不偿失。

4. 存在的困难和问题能否解决

没有不存在困难和问题的创业活动，创业的过程就是一个不断战胜困难和解决问题的过程，但是所选择项目存在的困难和问题自己要能够解决。如果存在的困难和问题自己无法解决，这样的项目也不要选择。选择了面临困难和问题不能解决的项目，意味着创业活动可能会半途而废，只会带来损失。

5. 是否可以持续发展

有些产品的寿命周期很短，这些产品的销售不会长久，最好选择反复消费的商品，以持续发展。

6. 产品或服务是否有市场

在选择创业项目时，如果以上五个条件都能够达到，但是生产出来的产品没有市场，也不能选择。产品没有市场的根本原因可能有：质次价高，产品的安全性能不达标，产品的质量不符合标准。要选择物美价廉、安全可靠、产品质量达标的项目。

另外一点也是比较值得注意的——项目要有特色。选择的项目一定要有"根"，也就是项目生命的根、活下去的条件。可以表述成四句话：别人没有的，先人发现的，与人不同的，强人之处的。

5.3　创业是学习成长、充满挑战的过程

5.3.1　大学生创业优势与劣势

1. 优势

大学生往往对未来充满希望与激情，有"初生牛犊不怕虎"的精神，而这些都是一个创业者应该具备的素质。大学生在学校里学到了很多理论知识，有较高层次的技术优势。

现代大学生有创新精神，有对传统观念和传统行业进行挑战的信心和欲望，而这种创新精神往往是大学生创业的动力和精神基础。

2. 劣势

（1）没有充足的心理准备。由于社会经验不足，大学生对于创业中的挫折和失败感到十分痛苦茫然。其实，成功的背后有很多的失败，看到成功也看到失败，才是真正的创业者。

（2）缺乏商业管理经验。大学生虽然掌握了一定的书本知识，但缺乏必要的实践能力和经营管理经验。由于对市场营销等缺乏足够的认识，大学生很难一下子胜任企业经理人的角色。

（3）缺乏市场意识。一些大学生乐于关注自己的技术如何领先与独特，却很少关心这些技术或产品有多大的市场，对目标市场定位与营销手段组合等没有全面的概念。想要成功，创业者应该有非常明确的市场营销计划。

5.3.2　大学生创业是一个学习成长的过程

1. 大学生创业要具备的知识素质

创业者的知识素质对创业具有举足轻重的作用。创业者要发挥创造性思维，要作出正确决策，必须掌握广博知识，具有一专多能的知识结构。具体来说，创业者应该了解科学的经营管理知识和方法，提高管理水平；掌握与本行业、本企业相关的科学技术知识，依靠科技进步增强竞争能力；具备市场经济方面的知识，了解财务会计、市场营销、国际贸易、国际金融等方面的基础知识。

2. 大学生创业要具备的能力

（1）创业实践能力。大学生面向基层创业、就业是大有可为的，特别是民营

经济比较发达的地区，客观上给大学生创业提供了好的土壤。大学生在市场经济的浪潮里畅游一番，可以将课堂上学到的理论知识运用到实际中，提高创业实践能力。

大学生实践创业阶段的主要任务包括了解经营常识、把握经营方向、提高商业能力等。了解经营常识，即了解经营领域的运转特点以及相关的法律法规，了解商业运营所需要的规则和创业市场的整体情况，否则就很难正常运作。不少大学生在创业时把握不住方向，走入误区。

很多大学生有创业的想法，但受到创业环境条件、经费等多种因素的限制，多数不能实现创业。然而，创业实践对大学生来说其实并不是一件特别困难的事，只要充分做好准备，注意把握机会，就有成功创业的可能。

（2）商业能力。创业者是发现一个好的商业创意并将之转变成现实的人，必须具备特定能力，如捕捉机会的能力、领导及合作能力、整合资源能力等。

创业实践是大学生通过发现和识别商业机会，组织各种资源提供产品和服务，以创造价值的过程。提高商业能力有助于创业者抓住机会，作出正确决策，成功创业。

（3）整合资源的能力。创业是一项系统工程，在创业过程中能否正确、高效地整合各种资源对于创业成功是很关键的。而在资源整合的过程中，最为关键的是能否与合作者融洽合作。大学生应把握方向、懂得选择、学会放弃，有效整合资源。

（4）决策能力。决策能力是决策者所具有的参与决策活动、进行方案选择的技能和本领。能力是在人的生理素质的基础上，经过后天教育和培养，在实践活动中逐步形成和增强的，是人的智慧、经验和知识的综合体现。培养决策能力应注意以下几点：克服从众心理；增强自信心；决策勿求十全十美，注意把握大局。

创业者不必完全具备这些素质才去创业，但创业者本人要有不断提高自身素质的自觉性和实际行动。提高素质的途径有两条，一靠学习，二靠改造。要想成为一名成功的创业者，就要做一个终身学习者和改造自我者。

5.3.3　创业是一个充满挑战的过程

1. 创业者要有足够的勇气

创业是一项充满挑战的事业，一个具有创业愿望的大学生最终能否走上成功创业之路，与他是否相信自己可以在激烈的竞争中胜出有直接的关系。创业意味着选择了一种不确定、不稳定的生活方式，做到这一点需要有足够的勇气。

2. 创业者不能停止学习

创业者需要尝试各种全新的解决方案去处理问题，因此对创业者来说，课堂上学到的知识是远远不够的。最好的课堂来自社会，最好的老师就是生活，创业者要始终保持开放的态度、灵活的思维以及好奇心，来吸收更多知识。

3. 创业者从不放弃

创业者很少能在首次创业就获得成功。为了创造持久且有价值的产品或服务，创业者通常需要多年的努力，长时间保持专注，勇于奉献。坚持是创业成功的一个重要因素。对于创业者来说，需要全身心投入在一件事上，坚持不懈。

创业的过程，实际上就是靠恒心和毅力坚持不懈的过程，是一个从无到有的过程，是一个艰苦奋斗的过程。没有人可以随随便便成功，成功是需要付出代价的。

创业也是一个不断探索的过程，在这个过程中可能会遇到挫折和失败，所以大学生是否自信、能否在挫折和失败中重新振作，对创业能否成功至关重要。

4. 创业者要有很强的执行力

创业者的执行力比绝大多数人要强，因为创意转瞬即逝，只有执行力强才能抓住机会。执行力对个人而言就是办事能力，对团队而言就是战斗力，对企业而言就是经营能力。执行力看似简单，却是生活中最难做到的，真正能定义创业者的，其实也是执行力。

很多人认为只要有资金就可以创业成功，实际上在创业的路上，资金只是一个因素。创业精神、吃苦耐劳的品格、创新的能力、学习成长的速度才是成功创业的基础。

5.3.4　创业可从失败中取胜

创业是一个很艰辛的过程，机遇总是垂青于有准备的人，只要脚踏实地、风雨兼程，就能克服困难，走向成功。

创业如同孤独的旅行，路上荆棘密布，充满艰难险阻，但是依然会有人坚持并创造传奇。

初入社会的年轻人，大多充满对未来的美好幻想。能拥有属于自己的企业，获得巨大的成功，是非常有诱惑力的。但许多人在尝试后，遇到了挫折，往往信心又受到严重的打击，陷入迷茫之中而放弃。

人与人有差距，甚至有巨大的差距，这是客观事实。在绝大多数情况下，成败与性格有很大关系，有的人性格懦弱、犹豫、猜忌、自私等，不适合创业。

失败是成功之母，失败是成功的基石。创业难免失败，失败不可怕，只有不怕才会成功。

企业从创办到成长、成熟，是一个逐步发展的艰苦历程，饱含了创业者及其创业团队的辛勤与汗水。在经历困难、挫折和成功的过程中，创业者逐渐成长为企业家。

★案例赏析

西村电机公司的无噪声鼓风机

日本西村电机公司原来主要生产自动轨道切断机，此外还生产热风鼓风机、小型空气压缩机等。随着大众的环境保护意识越来越强，市场对无噪声鼓风机的需求越来越强。

西村电机公司经过反复研究，连续进行了多次试验，均以失败告终。在一次试验，一位工人操作失误，把鼓风机的叶片全装反了，但是事情却出现了意想不到的变化：反装叶片鼓风机的噪声很小。公司立即决定再做试验。结果，无噪声鼓风机作为偶然的或者说失误的产物而问世了。无噪声鼓风机问世后，订货的人接踵而至。现在无噪声鼓风机已成为西村电机公司的拳头产品，市场占有率越来越高。

【点评】

工业通风设备鼓风机主要依靠电动机工作，由于叶片是铁皮制成的，叶片会产生噪声。工作人员无意中发现了解决办法，成功生产出无噪声鼓风机。

在创业过程中，困难是常有的，关键是看怎样对待。只要创业者心态正确，不惧失败，总会迎来成功之时。

5.4 创新促创业作品实例

5.4.1 创新促创业作品实例1：一种自运行电子纸手表

1. 所属技术领域

本实用新型属于电子手表技术领域，特别涉及一种自运行电子纸手表。

2. 背景技术

现在市场上使用的手表大部分是机械手表或液晶显示手表，机械手表的工作方式为通过将发条里储存的弹性势能转换为机械能释放出来，供手表运动。液晶显示手表不能没有外界电池提供电能。

利用现在已经开发出超低功耗的电子纸显示技术，可以通过技术实现不用外部电力提供电能的手表，鉴于此，有必要提供一个更好的产品，让人们摆脱需要给手表更换电池或上发条的困境。

3. 发明内容

为了解决现在市面上使用的手表都需要人为提供电能或上发条的方式才可以运行的问题，本实用新型提供一种可以不用上电池的电子纸手表，实现让人们不用担心手表电池问题的目的。

4. 技术方案

本实用新型主要包括电子纸显示屏 1、手表链 2、柔性太阳能电池 3、冷端 4、热源端 5、按键 6、壳 7、温差发电模块 8、太阳能发电模块 9、电源管理电路 10、内部电池 11、控制电路 12。

本实用新型依靠温差发电模块 8 和太阳能发电模块 9 为控制电路 12 与电子纸显示屏 1 提供电能。手表主要显示年、月、日、星期、时、分，不提供其他应用，控制电路 12 的结构不复杂，内部主控芯片所消耗的电能不多；同时，使用超低功耗的电子纸作为显示屏幕，由于电子纸的特殊显示方式，只要刷新一次可以永久显示。

同时辅助以温差发电模块 8，保证电能的足量提供。温差发电模块 8 主要由两部分组成，冷端 4 与热源端 5，冷端 4 安装在电子纸显示屏 1 的上表面；热源端 5 在电子纸显示屏的下表面，即当佩戴手表时手表与皮肤相接触的部分。由于冷端 4 与热源端 5 都为两个面的区域，两个面的中间空间被控制电路 12 占据，需要将控制电路 12 剩下的空白部分用绝热材料填充，以使温差发电模块 8 上下两面的温度差尽量大，防止热传导。手表链 2 可以拆卸，以此更换不同的颜色和款式；手表链 2 上表面装有柔性太阳能电池 3，手表链 2 内部的柔性太阳能电池 3 可以全部安装在手表链 2 的一端或者在两端平均分布，大小根据手表的型号所需功耗来决定。柔性太阳能电池 3 提供的电能通过手表链 2 与手表的连接口将电能传输给手表；冷端 4、热源端 5 及电子纸显示屏 1 安装在手表的壳 7 上，壳 7 的侧边为按键 7；时间的调整需要通过按键 7 来完成。

本实用新型中的温差发电模块 8 通过冷端 4 暴露在空气中，热源端 5 与皮肤相接触来获得温差进行发电，中间通过绝热材料进行隔绝。柔性太阳能电池 3 将太阳能转换为电能，通过手表链 2 与手表连接的地方将电能传到手表里的电源管理电路

10，电源管理电路 10 将温差发电模块 8 与太阳能发电模块 9 产生的电能一部分输送给控制电路 12 供手表运行，将多余的一部分储存在手表内置的内部电池 11 里，可以作为手表调整时间时的补充电能，同时当手表暂时没有电力来源时可以作为补充电源。

本实用新型的显示屏为电子纸显示屏 1，只有时间过了一分钟之后才需要刷新一次，同时可以将电子纸显示屏 1 作为几个板块处理，更好地降低功耗。将年、月作为第一个板块，因为只有当年或月改变时才需要刷新屏幕，当不刷新屏幕时可以不用耗电；将日和星期作为第二个板块，这个板块的更新频率比年、月高；将时、分作为第三个板块，这个板块更新频率最高，每分钟刷新一次。这样，时、分变化时可以不用每次刷新屏幕时都全屏刷新，刷新第三个板块就可以达到更新时间的目的。当日、星期需要改变时，再刷新第二个板块，平时第二个板块处于不耗电的状态，将大大地节省电力。

本实用新型的有益效果是：小巧，符合现代人的使用风格，且可以根据自己的喜好更换不同的手链颜色；不用为手表的电池而担心，完全不用操心给手表安装电池。

5. 附图说明

下面结合附图对本实用新型做进一步地说明。

图 5-1（a）是本实用新型的主视图。

图 5-1（b）是本实用新型的俯视图。

图 5-1（c）是本实用新型的西南等轴测图。

图 5-1（d）是本实用新型的东南等轴测图。

图 5-1（e）是本实用新型的仰视立体图。

图 5-1（f）是本实用新型的控制框图。

6. 具体实施方式

为了便于本领域普通技术人员理解和实施本实用新型，下面结合附图对本实用新型做进一步的详细描述。应当理解，此处的描述仅用于说明和解释本实用新型，并不用于限定本实用新型。

如图 5-1 所示，电子纸显示屏 1 位于手表上表面中央，上表面的边缘是冷端 4，手表的下表面是热源端 5，当佩戴手表时，热源端 5 与皮肤相接触，在冷端 4 与热源端 5 之间有控制电路 12，剩余的空间被绝热材料填充，将冷端 4 与热源端 5 之间的热传导隔开；冷端 4 与热源端 5 构成温差发电模块 8，太阳能发电模块 9 由手表链 2 里的柔性太阳能电池 3 组成；手表链 2 与手表可以拆分，连接部分为柔性

太阳能电池 3 的电极,将太阳能发电模块 9 产生的电能输送给电源管理电路 10,
柔性太阳能电池 3 在手表链 2 的上表面内部,镶嵌在手表链 2 的内部;选择柔性太

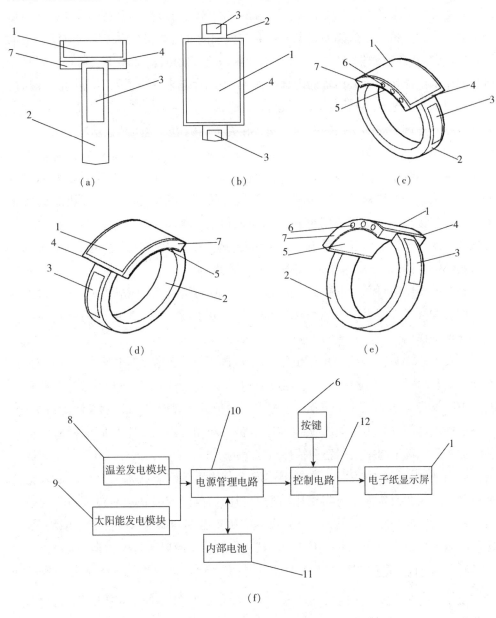

1—电子纸显示屏;2—手表链;3—柔性太阳能电池;4—冷端;5—热源端;6—按键;7—壳;
8—温差发电模块;9—太阳能发电模块;10—电源管理电路;11—内部电池;12—控制电路。

图 5-1 一种自运行电子纸手表

(a) 主视图;(b) 俯视图;(c) 西南等轴测图;(d) 东南等轴测图;(e) 仰视立体图;(f) 控制框图

阳能电池的好处是可以弯曲折叠，当人体佩戴的时候不会有不适的感觉；柔性太阳能电池 3 可以安装在手表链 2 的一端，也可以分为两个部分，分别安装在手链表 2 与手表相连的两端里；冷端 4 与热源端 5 中间区域的边缘是手表的壳 7，作为整个手表的支撑载体；通过温差发电模块 8 与太阳能发电模块 9 将产生的电能送至电源管理电路 10 通过调整稳定之后，将电能输送给控制电路 12 供手表运行；同时可以将多余的电能送至手表内置的内部电池 11 中储存起来，当手表不能产生电能时，可以通过内部电池 11 向外放电以供运行。

按键 6 为调整时间所用的按键，安装在壳 7 的侧边。电子纸显示屏 1 分为三个板块，用来显示年、月、日、星期、时、分；第一个板块显示年、月，这个板块的显示屏刷新频率最低，只要显示了正确的值后就可以不再供电，可以大大地节省电力；第二个板块显示日、星期，这个板块的更新频率比第一个板块的更新频率高，但是比起第三个板块的更新频率来说很低；第三个板块显示时、分，每分钟刷新一次；这样分为三个板块可以节省很多电力，不用每次刷新电子纸显示屏 1 的时候都全屏刷新，只需要刷新需要改变的板块。

壳 7 为硬质塑料，手表链 2 为橡胶材质，具有柔性。手表链 2 与壳 7 通过可拆卸式接头连接，方便更换不同的颜色和款式；电子纸显示屏 1 的上表面有一层玻璃，起保护作用。

尽管上述说明较多地使用了电子纸显示屏 1、手表链 2、柔性太阳能电池 3、冷端 4、热源端 5、按键 6、壳 7、温差发电模块 8、太阳能发电模块 9、电源管理电路 10、内部电池 11、控制电路 12 等术语，但并不排除使用其他术语的可能性。使用这些术语仅仅是为了更方便地描述本实用新型的本质，把它们解释成任何一种附加的限制都是与本实用新型精神相违背的。

应当理解的是，本说明未详细阐述的部分均属于现有技术。上述描述较为详细，并不能因此而认为是对本实用新型专利保护范围的限制，本领域的普通技术人员在本实用新型的启示下，在不脱离本实用新型权利要求所保护的范围情况下，还可以做出替换或变形。本实用新型的请求保护范围应以所附权利要求为准。

7. 技术创业看技术

当今，科技在发展，时代在进步。几十年前，"三转一响"（收音机、自行车、缝纫机及手表）还是许多家庭的时尚选择，如今，新的"四大发明"（高铁、支付宝、共享单车和网购）又一次领跑进了每一个家庭，成为新的时尚。

本实用新型就是这样一款智能产品。从技术能力创业来看，该技术前景有较强的生命力和较强的发展空间。虽然手机已普及，但手表对男士来说还是大有需要，只是表面形式、款式、外观不同而已，仍可再创新。如太阳帽式电子纸手表、围巾式电子纸手表、衣扣式电子纸手表、戒指式电子纸手表、衣领式电子纸手表、衣袖式电子纸手表、皮带式电子纸手表、标签式电子纸手表。

5.4.2 创新促创业作品实例2：一种无声鼠标

1．技术领域

本实用新型属于电脑配件技术领域，特别涉及一种无声鼠标。

2．背景技术

现有鼠标在按键时会发出声响，影响别人休息、学习、工作；同时现在市面上有一种通过红外激光工作原理的无声鼠标，但是鼠标能量耗费大，需要将按键压下遮挡住激光通路，检测器检测到该信号然后识别动作。

鉴于此，有必要提供一种更好的装置，以改变现在使用的普通鼠标和无声鼠标存在不足的现状，让人们对无声鼠标有一种更好的体验，能够舒服地使用无声鼠标，不影响别人的工作和学习。

3．实用新型内容

本实用新型提供一种通过用人体参与电路工作的装置，来解决现有鼠标按键时会响的问题，同时达到节能的目的。

4．技术方案

本实用新型主要包括鼠标1、滚轮2、左键3、左前端4、左后端5、左间隔6、右键7、右前端8、右后端9、右间隔10、控制电路11。在鼠标1上的前端有滚轮2，滚轮2、左键3、右键7在同一水平面上，即普通鼠标左键和右键底下的弹簧去掉，改为不可按压式的按键，原本的鼠标左键和右键可以按下，弹簧垫片会发声。在左键3的位置有一个凹陷的表面，方便手指识别出左键电极位置；在左键3内部靠近鼠标头部一侧有左前端4，为左键3的一个电极，在左键3内部靠近鼠标尾部的一侧有左后端5，为左键3的另外一个电极，左前端4和左后端5之间用左间隔6隔开。左间隔6为一条隔痕，使左键3电路左前端4和左后端5断开，当需要按下左键3时，将右手食指滑动到左键位置，右手食指指尖依次经过左前端4、左后端5，最后同时搭放在左前端4和左后端5上，由于人是导体，从而将两个电极连接起来，接通左键3所在电路，使鼠标1内部的控制电路11识别出该信号。当触发单击操作时，将左前端4和左后端5快速地接通一次；当触发双击操作，将右手食指快速地接通左前端4和左后端5两次即可；当长按左键3时，将右手食指长时间搭放在左键 3 上，使左前端 4 和左后端 5 长时间接通即可。右键 7 的原理一样，即将原本通过按压鼠标弹片，使左键和右键底下的开关接通，从而进行操作，换为使用手指直接参与电路右键电极间的导通。右键 7 也为一个凹陷的表面，方便手指识别出右键电极位置；在右键 7 内部靠近鼠标头部一侧有右前端 8，为右键 7 的一个电极，在右键 7 内部靠近鼠标尾部的一侧有右后端 9，为右键 7 的另一个电极，右前端 8 和右后端 9 之间用右间隔 10 隔开。右间隔 10 为一条隔痕，使右键 7 电路右前端 8 和右后端 9 断开，当需要按下右键 7 时，将右手中指滑动到右键位置，右手中指指尖将依次经过右前端 8、右后端 9，最后同时搭放在右前端 8 和右后端 9 上，由于人是导体，从而将两个电极连接起来，接通右键 7 所在电路，使鼠标内部的控制电路 11 识别出该信号。当触发单击操作时，将右前端 8 和右后端 9 快速地接通一次；当触发双击操作时，将右手中指快速地接通右前端 8 和右后端 9 两次即可；当长按右键 7 时，将右手中指长时间搭放在右键 7 上，使右前端 8 和右后端 9 长时间接通即可。本实用新型将原来会发出声响的鼠标的左键和右键替换为通过人体参与电路导通的过程，其他的结构与原来鼠标的结构一致，不用改变。

左键 3 和右键 7 为凹陷的表面，方便手指识别出左键 3 和右键 7 的位置。左键 3 内部的左前端 4 和左后端 5 之间有间隔，间隔距离以 3mm 为宜。

本实用新型的有益效果是：用手指参与鼠标的按键控制，能够达到触摸屏的效果，真正无声；只有在导通的过程中，该部分才会耗电，所以很节能；不会出现鼠标按键损坏的情况，十分耐用。

5. 附图说明

下面结合附图对本实用新型做进一步说明。

图 5-2（a）是本实用新型的西南等轴测图。

图 5-2（b）是本实用新型的局部放大图。

图 5-2（c）是本实用新型的电路原理图。

6. 具体实施方式

为了便于本领域普通技术人员理解和实施本实用新型，下面结合附图对本实用新型做进一步的详细描述。应当理解，此处的描述仅用于说明和解释本实用新型，并不用于限定本实用新型。

目前鼠标的左键和右键的工作原理是将弹片按下，触发弹片下面的按键接通，从而给鼠标内部控制电路触发信号，这个过程中会产生响声；现在将左键和右键更改为不可按压式的，在原本左键和右键的位置设置两个凹陷的表面，为左键 3 和右键 7，左键 3 和右键 7 与鼠标 1 上的滚轮 2 处在同一水平面上，刚好为手指指尖容易碰触的位置。在左键 3 内部靠近鼠标 1 头部一侧有一个电极，为左前端 4；在左键 3 内部靠近鼠标 1 尾部一侧有一个电极，为左后端 5；左前端 4 和左后端 5 之间有一道间隔，为左间隔 6，其将左前端 4 和左后端 5 隔开。当进行单击操作时，将右手食指在左键 3 内部往后滑动，依次经过左前端 4、左后端 5，最后手指指尖落在左前端 4 和左后端 5 上，将两个电极接通，该信号被控制电路 11 收到，并进行处理；当进行双击操作时，将右手食指尖快速地连续接通左前端 4 和左后端 5 电极两次，控制电路 11 检测到双击的操作并进行处理；当进行长按左键 3 操作时，将食指长时间放在左前端 4 和左后端 5 上，将两个电极接通，控制电路 11 检测到信号并识别出来，然后控制做相应的操作。右键 7 的结构与左键 3 的结构原理一致。在右键 7 内部靠近鼠标 1 头部一侧有一个电极，为右前端 8；在右键 7 内部靠近鼠标 1 尾部一侧有一个电极，为右后端 9；右前端 8 和右后端 9 之间有一道间隔，为右间隔 10，将右前端 8 和右后端 9 隔开。当进行单击操作时，将右手中指在右键 7 内部往后滑动，依次经过右前端 8、右后端 9，最后手指指尖落在右前端 8 和右后端 9 上，将两个电极接通，该信号被控制电路 11 收到，并进行处理；当进行双击操作时，将右手中指尖快速地连续接通右前端 8 和右后端 9 电极两次，控制电路 11 检测到双击的操作并进行处理；当长按右键 7 时，将中指长时间放在右前端 8 和右后端 9 上，将两个电极接通，控制电路 11 检测到信号并识别出来，并做相应的操作。

本实用新型的左前端 4、左后端 5、右前端 8、右后端 9 为金属电极，左间隔 6 和右间隔 10 为 3mm 左右的隔痕，将电极隔开，从而完成用手指参与电极间接通导电，从而达到无声操控鼠标的目的。

尽管上述说明较多地使用了鼠标 1、滚轮 2、左键 3、左前端 4、左后端 5、左间隔 6、右键 7、右前端 8、右后端 9、右间隔 10、控制电路 11 等术语，但并不排除使用其他术语的可能性。使用这些术语仅仅是为了更方便地描述本实用新型的本质，把它们解释成任何一种附加的限制都是与本实用新型精神相违背的。

应当理解的是，上述说明未详细阐述的部分均属于现有技术。上述描述较为详细，并不能因此而认为是对本实用新型专利保护范围的限制，本领域的普通技术人员在本实用新型的启示下，在不脱离本实用新型权利要求所保护的范围情况下，还可以做出替换或变形。本实用新型的请求保护范围应以所附权利要求为准。

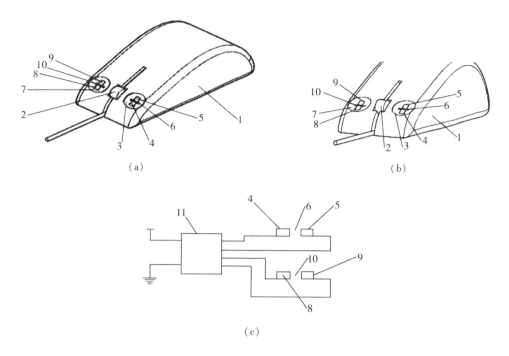

1—鼠标；2—滚轮；3—左键；4—左前端；5—左后端；6—左间隔；

7—右键；8—右前端；9—右后端；10—右间隔；11—控制电路。

图5-2　一种无声鼠标

（a）西南等轴测图；（b）局部放大图；（c）电路原理图

7. 技术创业看技术

鼠标，人人要用，人人所需。从电脑配件的发展与未来来看，创新能促进创业，关键是创业时的选择。

创业的成功因素很多，除个人努力之外，选择一个好的项目是成功的关键。创业要择业，要利用自身专业优势及自身之长，扬长避短，赢得大家及社会的认同，实现自身价值。

思考题

1. 大学生择业时应注意哪些问题？

2. 现实生活有那么多创业项目，你能找到适合自己的项目吗？

3. 创业可能会失败，你害怕吗？怎样避免创业过程中的失误呢？

第 6 章

职业概述

6.1 职业分类及行业划分

创业需创新，创业需择业，只有认清社会变化的方向才能谋求生存和发展。每个人都有必要了解职业现状，结合自身实际，选择适合的职业，并不断进步，条件可行后进行创业。

6.1.1 职业分类

职业是参与社会分工，利用专门的知识和技能为社会创造物质财富和精神财富，获取合理报酬作为物质生活来源，并满足精神需求的工作。社会分工是职业分类的依据。在分工体系的每一个环节上，劳动对象、劳动工具以及劳动的支出形式都各有特殊性，这种特殊性决定了各种职业之间的区别。世界各国国情不同，其划分职业的标准也有所区别。

1. 职业的特征

（1）目的性，即职业以获得现金或实物等报酬为目的。

（2）社会性，即职业是从业人员在特定社会生活环境中所从事的一种与其他社会成员相互关联、相互服务的社会活动。

（3）稳定性，即职业必须长期、稳定。

（4）规范性，即职业必须符合国家法律和社会道德规范。

（5）群体性，即职业必须具有一定的从业人数。

2. 职业分类方式

职业分类是以工作性质的同一性为基本原则，对社会职业进行的系统划分与归类。所谓工作性质，即一种职业区别于另一种职业的根本属性，一般通过职业活动的对象、从业方式等的不同予以体现。职业分类的目的是将社会上纷繁复杂、数以万计的现行工作类型，划分成类系有别、规范统一的层次或类别。工作性质的同一性要视具体的职业类别而定。职业分类体系则通过职业代码、职业名称、职业定义、职业所包括的主要工作内容等，描述每一个职业类别的内涵与外延。以下两种分类方法符合我国国情，简明扼要，具有实用性，也符合我国的职业现状。

（1）《中华人民共和国职业分类大典》。2015 年，新版《中华人民共和国职业分类大典》公布，《中华人民共和国职业分类大典（2015 年版）》依据在业人口所从事的工作性质的同一性进行分类，将全国范围内的职业划分为 8 个大类、75 个中类、434 个小类、1 481 个职业。其 8 个大类的排列顺序如下。

A：党的机关、国家机关、群众团体和社会组织，企事业单位负责人；

B：专业技术人员；

C：办事人员和有关人员；

D：社会生产服务和生活服务人员；

E：农、林、牧、渔业生产及辅助人员；

F：生产制造及有关人员；

G：军人；

H：不便分类的其他从业人员。

在这些大类中，A、B 大类主要是脑力劳动者，C 大类包括部分脑力劳动者和部分体力劳动者，D、E、F、G 大类主要是体力劳动者，H 大类是不便分类的其他劳动者。

（2）《国民经济行业分类》。《国民经济行业分类》于 1984 年首次发布。这项标准主要按企事业单位、机关团体和个体从业人员所从事的生产或其他社会经济活动的性质的同一性分类，即按其所属行业分类，将国民经济行业划分为门类、大类、中类、小类四级。现行的《国民经济行业分类》于 2017 年公布，共 20 个门类、97 个大类、473 个中类、1 381 个小类，门类分别用 A、B、C、…、T 表示，具体如下。

A：农、林、牧、渔业；

B：采矿业；

C：制造业；

D：电力、热力、燃气及水生产和供电业；

E：建筑业；

F：批发和零售业；

G：交通运输、仓储和邮政业；

H：住宿和餐饮业；

I：信息传输、软件和信息技术服务业；

J：金融业；

K：房地产业；

L：租赁和商业服务业；

M：科学研究和技术服务业；

N：水利、环境和公共设施管理业；

O：居民服务、修理和其他服务业；

P：教育；

Q：卫生和社会工作；

R：文化、体育和娱乐业；

S：公共管理、社会保障和社会组织；

T：国际组织。

3. 其他分类方式

根据不同的标准，职业可有不同的分类方法。例如，从行业上划分，可分为第一、第二、第三产业。每一种分类方法，对其职业的特定性都有明确的解释。更好地掌握某一职业的特点，有利于选择适合自身的职业。

6.1.2 行业划分

为了对比各国的统计资料，联合国经济和社会事务部统计司曾制定《所有经济活动国际标准行业分类》（*International Standard Industrial Classification of All Economic Activities*），简称《国际标准行业分类》。该分类把国民经济划分为 10 个门类，对每个门类再划分大类、中类、小类。2008 年发布了修订本第 4 版，第 4 版的具体分类如下。

A—农业、林业和渔业

01—作物和牲畜生产、狩猎和相关服务

02—林业与伐木业

03—渔业与水产业

B—采矿和采石

05—煤炭和褐煤的开采

06—石油及天然气的开采

07—金属矿的开采

08—其他采矿和采石

09—开采辅助服务活动

C—制造业

10—食品的制造

11—饮料的制造

12—烟草制品的制造

13—纺织品的制造

14—服装的制造

15—皮革和相关产品的制造

16—木材、木材制品及软木制品的制造（家具除外）、草编制品及编织材料物
   品的制造

17—纸和纸制品的制造

18—记录媒介物的印刷及复制

19—焦炭和精炼石油产品的制造

20—化学品及化学制品的制造

21—基本医药产品和医药制剂的制造

22—橡胶和塑料制品的制造

23—其他非金属矿物制品的制造

24—基本金属的制造

25—金属制品的制造，但机械设备除外

26—计算机、电子产品和光学产品的制造

27—电力设备的制造

28—未另分类的机械和设备的制造

29—汽车、挂车和半挂车的制造

30—其他运输设备的制造

31—家具的制造

32—其他制造业

33—机械和设备的修理和安装

D—电、煤气、蒸气和空调的供应

35—电、煤气、蒸气和空调的供应

E—供水；污水处理、废物管理和补救活动

36—集水、水处理与水供应

37—污水处理

38—废物的收集、处理和处置活动；材料回收

39—补救和其他废物管理服务

F—建筑业

41—楼宇的建筑

42—土木工程

43—特殊建筑活动

G——批发和零售业；汽车和摩托车的修理

45—批发和零售业以及汽车和摩托车的修理

46—批发贸易，汽车和摩托车除外

47—零售贸易，汽车和摩托车除外

H—运输与储存

49—陆路运输与管道运输

50—水上运输

51—航空运输

52—运输的储藏和辅助活动

53—邮政和邮递活动

I—食宿服务活动

55—住宿

56—食品和饮料供应服务活动

J—信息和通信

58—出版活动

59—电影、录像和电视节目制作、录音及音乐作品出版活动

60—电台和电视广播

61—电信

62—计算机程序设计、咨询及相关活动

63—信息服务活动

K—金融和保险活动

64—金融服务活动，保险和养恤金除外

65—保险、再保险和养恤金，但强制性社会保障除外

66—金融保险服务及其附属活动

L—房地产活动

68—房地产活动

M—专业、科学和技术活动

69—法律和会计活动

70—总公司的活动；管理咨询活动

71—建筑和工程活动；技术测试和分析

72—科学研究与发展

73—广告业和市场调研

74—其他专业、科学和技术活动

75—兽医活动

N—行政和辅助活动

77—出租和租赁活动

78—就业活动

79—旅行社、旅游经营、预订服务及相关活动

80—调查和安全活动

81—为楼宇和院落景观活动提供的服务

82—为办公室行政管理、办公支持和其他企业辅助活动

O—公共管理与国防；强制性社会保障

84—管理与国防；强制性社会保障

P—教育

85—教育

Q—人体健康和社会工作活动

86—人体健康活动

87—留宿护理活动

88—不配备食宿的社会服务

R—艺术、娱乐和文娱活动

90—艺术创作和文娱活动

91—图书馆、档案馆、博物馆及其他文化活动

92—赌博和押宝活动

93—体育、娱乐和文娱活动

S—其他服务活动

94—成员组织的活动

95—电脑及个人和家庭用品的修理

96—其他个人服务活动

T—家庭作为雇主的活动；家庭自用、未加区分的物品生产和服务活动

97—家庭作为家政人员雇主的活动

98—未加区分的私人家庭自用物品生产和服务活动

U—国际组织和机构的活动

99—国际组织和机构的活动

6.2　职业的时代变化

6.2.1　中国职业的四大变化

改革开放以来，中国社会发生了巨大的变化，这种变化在职业划分上也有所体现。目前，我国的职业生存方式产生了以下变化。

（1）就业方式的变化。在计划经济时代，基本上没有择业、下岗、失业等词汇。改革开放后，自主择业、竞聘上岗、下岗裁员、跳槽失业等现象开始出现。由传统的"统包统配"到现在的"自主择业"，每个人不得不对自己的职业命运肩负起责任，由此唤起人们的自我意识和自我责任感。

（2）职业地位获取途径的变化。在今天的职场上，个人的职业发展、职业社会地位的获得，越来越多地依赖于知识、技能、态度、观念等自身条件，而不是家庭出身、社会背景等外在因素。这可看作中国由封闭社会转向开放社会的一项重要标志。现在，只要个人有足够的能力、付出足够的努力，就可以获得社会声望高、经济收入好的职业，就可以改变自己的命运。

（3）职业流动方式的变化。在传统的职业模式中，一个人的职业一生很少发生变动，即使有变化也是在组织内部，通常与一位雇主保持长期的雇佣关系；职业发展路径和阶段看得见、摸得着，比较标准化，可以预期。在新的组织环境中，由于上升的空间受到限制，雇员们更加频繁地在组织的不同部门、不同组织和不同专业间流动，流动模式更加多样化，不稳定的因素也越来越多。

（4）职业成功标准的变化。传统的职业生涯成功标准是沿着金字塔式的组织结构不断向上，担任更高的职位，承担更多的责任，获得更多的物质财富。职场上成长起来的新一代，职业成功的标准发生了很大的变化，他们更多地强调心理成就感，对地位并不十分看重，但希望工作丰富化、具有灵活性，并渴望从工作中获得乐趣。与传统职业生涯目标相比，心理成就感更大程度上由自我主观感觉认定，而不仅仅指组织对个人的认可（如晋升、加薪等）。

综上所述，在计划经济条件下，我国的就业制度是由国家统一安置的，个人没有择业的自由，个人在职业上更多的是依赖组织，谈不上真正意义上的自我职业生涯管理。而现在个人真正成为具有自主性的市场主体，能自主择业、自主流动，自己管理好职业，自己掌握自己的命运。但是，自主择业并不意味着个人可以随心所欲，组织也同样有着用人的自主权，任何一个具体的职业岗位，都要求从事这一职业的个人具备特定的条件，如教育程度、专业知识、技能水平、体质状况、个人气质及思想品质等，并不是任何一个人都能适应任何一项职业的，这就产生了职业对人的选择。一个人在择业上的自由度很大程度上取决于个人所拥有的职业能力和职业品质，而个人的时间、精力毕竟是有限的，要使自己拥有不可替代的职业能力和职业品质，就应该根据自身的潜能、兴趣、价值观和需要，来选择适合自身的职业，将自己的潜能转化为现实的价值，这就需要对自己的职业生涯进行规划，对自己的职业发展承担责任。在职业不确定性加大的环境中，增强自己的终身就业能力是管理好自己职业生涯的关键。

6.2.2 职业与社会地位

职业地位是指人们从事的某种职业在经济收入、社会地位和社会声望等方面的总体状况，即经济收入、社会地位和社会声望是职业地位的主要标志。职业地位是人们对职业的主观态度，反映了在一定社会发展阶段和一定时期内的职业价值观。职业地位是现实的，也是历史的、发展的。

职业地位是由不同职业所拥有的社会资源所决定的，它往往通过职业声望表现出来。没有职业地位，职业声望无从谈起；而如果没有职业声望，职业地位也无法确定和显现，人们正是通过职业声望调查来确定职业地位的高低。

6.3　职业与收入

职业本无贵贱，但由于在不同的岗位创造出了不同的价值，也就产生了收入的高低。所以，收入的高低是由劳动者创造的价值来决定的。

6.3.1　影响收入的因素

在现实中，出身贫寒但最终变得富有的人很多。审视那些成功者的例子，我们不难发现，学识、健康的体魄、冒险精神、创新意识、勤奋自律，使这些人为社会创造了更多的财富，这也决定了他们能够获得更高的收入。

1. 责任与担当不同

比如在制造业工厂中，一个普通员工的薪资收入可能只是该公司副总经理的薪资的1/10。差距为什么这么大呢？因为两者的工作职责差别很大。普通员工只需要按时进入车间，把产品零部件按作业说明书进行组装，工序非常简单。而副总经理要负责整个工厂生产管理、客户投诉问题处理、成本管控、制订经营方案等，并且每天参加各种会议，往往晚上十二点还得处理异常情况。更多的担当和付出决定了副总经理比普通员工薪资高很多。

2. 工作环境

在制造业中，由于工作环境恶劣，油漆工、打磨工的工资也是相对较高的，但在这高薪的背后，他们要承受常人无法承受的高温、粉尘以及辐射对身体造成的危害。

3. 职业技能不同

那些技术人才为了修炼专业本领苦心钻研专业知识，毕业后进入社会，他们研发出高效能的机器设备，使原本需要几十人甚至上百人同时协作才能完成的工作，现在只需要接通电源、轻轻按下机器按钮就能解决，大大减少了人力成本，大幅提升了工作效率。

最后，收入的高低是由许多因素决定的。你选择高收入，就需要投入更多的时间、精力，付出更多的汗水。为了让自己的收入有所提高，我们要不断地去学习，不断地去承担更大的责任与风险。

6.3.2　不同职业收入有差距的原因

不同的职业创造不同的价值，不同的价值带来不同的收入。所以，职业的收入有高有低，其本质是由其创造的价值高低决定的。任何职业都是值得我们尊敬的，没有什么职业是可以缺少的。不管是低收入的职业，还是高收入的职业，都对整个社会做出了贡献，创造的价值虽然有高有低，但是从事任何职业的人都是平等的，没有高低贵贱之分。

决定职业收入高低的原因，可以从以下几个方面来分析。

1. 为社会创造的职业价值

对于社会来说，不管是什么样的专业，都是不可或缺的，但是就目前的社会大环境来说，从事金融和计算机工作的往往走在前端，给国家创造的价值很大。

2. 所需脑力的多少

有很多行业只需要动手操作就可以，甚至只需要体力，丝毫不需要动脑筋，而有些行业却用脑量极大。收入也是和用脑量成正比的，一般而言，用脑量大的职业，收入比较高，而用脑量低的行业，收入比较低。

3. 公司的规模和规范性

即使是同一个行业，甚至生产的东西也差不多，公司与公司之间也会有差距。这一般取决于公司的规模以及公司内部制度的规范性。一般而言，公司规模越大，内部制度越完善，公司的福利待遇以及职业收入也会普遍较高。

决定职业收入的最根本因素是个人所创造的价值。

6.4　职业发展潜力

6.4.1　职业生涯与职业发展

职业生涯是一个人一生中所有与职业相联系的行为与活动，以及相关的态度、价值观等连续性经历的过程，也是一个人一生中职业、职位的变迁及工作理想的实现过程。简单地说，职业生涯就是一个人一生的工作经历。选择什么职业对于每个人的重要性都是不言而喻的。

对于每一位即将毕业的大学生来说，选择一份理想的、能充分发挥自己聪明才智的职业是至关重要的。所以，要对自己今后的职业生涯从总体上做一个合理的规划，职业生涯规划是指在客观分析个人的性格、资质、人生态度、个人潜能等因素的基础上，结合社会的人才需求，采取有效的职业发展策略，选择合适的职业发展道路，一步步攀登事业的阶梯，取得事业上的成功，实现人生价值的过程。

心理开发、生理开发、智力开发、技能开发、伦理开发等人的潜能决定一个人的职业素养，而最重要的是人所拥有的基础知识和拓展知识。由什么决定一个人的职业发展呢？思维方式决定职业发展高度，一个人的心有多大，舞台就有多大。

6.4.2　职业人应具备的三种能力

1. 技术能力

这里的技术能力并不是通常意义上的技术能力，而是指实实在在做某方面事情的能力，如工程师的设计能力、财务的分析能力、教育者的施教能力等。这种能力能够通过教育、培训获得。职业初始者往往依赖技术能力进入职场，最初的晋升也主要来自技术能力。技术能力是单兵作战的能力，可以让人成为一名优秀的员工，但很难成为优秀的经理人。

2. 管理能力

管理其实是对资源进行分析、整合和利用，以有效、可靠地生产产品或提供服务，它的对象是物。教育、经验、培训都可以提高管理能力。当然，人的悟性也很重要，能够从表面现象中分析出规律，对管理能力来说很重要，例如质量管理，就是通过分析质量数据来找出背后的规律，从而加以改进或利用。MBA 是管理能力的培训，美国的 MBA 入学考试重视逻辑分析能力，就是这个原因。管理能力主要是释放物的能力，它能让人在小范围内有所贡献，但不会让人走很远，效应非常有限。

3. 领导能力

领导能力是释放别人的能力，再通过别人来释放个人或物的能力。对于企业管理者，技术能力的重要性有限，管理能力次之，领导能力最重要。

韩信善将兵，管理能力的成分居多；刘邦善将将，则是领导能力。

其实任何一个职位都是这三种能力的组合，每一个人或多或少都具备这三种能力，关键是你的强项在哪里。另外，不要认为职业道路是单行道，一定要从技术职位向管理职位过渡，再由管理职位向领导职位过渡。不过，如果技术能力是你的强项的话，做个优秀的技术骨干，其实也是很不错的选择。

6.4.3 怎样判断一个人有没有工作潜力

工作潜力是相对于在工作中发挥出来的能力而言的，没有在工作中发挥出来的能力。你的工作潜力有多大，未来的发展空间就有多大。

1. 三大评估项

企业在招聘所有关键岗位人才时，猎头人员、人事经理、直线主管和公司高管一般采取相同的标准来评价和取舍每一位候选人：职业价值观、岗位胜任能力、适应变化的潜力。

（1）职业价值观评估。职业价值观评估指探询候选人所秉持的在职场上的立场和原则与组织的要求的匹配程度。当一位候选人的职业价值观与企业所要求的价值观不一致时，双方很难合作，即便侥幸合作了也很难长久。

（2）岗位胜任能力评估。岗位胜任能力评估是指探询候选人所具备的工作能力与目标岗位所要求的能力的匹配程度。当候选人的岗位胜任能力不足时，其不能产生良好的业绩；在不能产生良好业绩的情况下，双方会相互不满、怀疑和失望，在这种情况下，双方的合作很难长久。

（3）适应变化的潜力评估。适应变化的潜力评估是指探询候选人所具有的适应内外部环境变化的能力与组织的要求的匹配程度。任何企业的内外部环境都在不断变化，随着环境的变化，企业对人才的要求也会出现变化，如果人才不能适应这种变化，其岗位胜任能力就会出现问题。

2. 成功的人具有的特质

成功从来没有侥幸，有潜力的人，身上一般具有某些相同的特质。

（1）专注。不忘初心，方得始终。成功的人从来都是专注的，做事能够沉下心，默默朝自己的目标努力。

（2）热情。对待生活和工作永远充满热情，心态积极乐观，即使一时遭遇挫折，也不会放弃。

（3）善于管理自己的情绪。不会管理自己情绪的人，很难管理好自己的人生，这样的人会把自己的情绪带入生活和工作，作出错误的决定。

（4）做事不拖延。成功的人有很强的执行力，一旦作出决定就会立即付诸行动，而不会瞻前顾后，拖拖拉拉。

（5）不抱怨。成功的人遇见问题和困难从来不找借口，也不会抱怨，而是积极寻求解决方法。

（6）坚持。成功的人往往比较执着，一个人有没有潜力，有时候要看他能不能坚持，不放弃自己的梦想。

3. 通过自己的努力改变命运

看一个人潜力和前途有多少，其实可以看他如何对待贫困这件事。

贫困是逆境，但贫困并不是最可怕的，真正可怕的是贫困的思想。作为一个年轻人，不能因为贫困而自卑，失去奋斗的精神，失去前进的动力。尝试换一种心态，坦然地面对家庭贫困的现实，努力奋斗，一样可以改变自己的命运。

很多成功人士是从贫困中走过来的。一个人如果自卑、埋怨家庭或父母，那么这个人很难有前途，因为他的思想决定了他的眼界。

6.5　创新促创业作品实例

6.5.1　创新促创业作品实例 1：一种太阳能烧烤器

1. 所属技术领域

本实用新型属于太阳能光热利用技术领域，特别涉及一种太阳能烧烤器。

2. 背景技术

现在烧烤成为普遍的休闲方式，人们时常会在家里烧烤，或是一家人到公园里烧烤、游玩；烧烤能够带给人们很多的快乐，但是准备工作很烦琐，比如每次都需要燃烧炭火，这个过程既不安全，也不卫生。鉴于此，有必要提供一种更好的装置，让人们在烧烤时更快捷、更卫生。

3. 实用新型内容

为了改变每次烧烤前都需要很麻烦地燃烧炭火的现状，本实用新型通过将太阳光作为烧烤热源，来改变现在人们烧烤时用电或用炭火的现状，达到让人们方便快捷地享受户外烧烤乐趣的目的。

4. 技术方案

本实用新型主要由聚光装置和烧烤装置两部分组成，聚光装置为收集太阳光的装置，主要包括凸透镜 1、第一伸缩杆 2、底座 3、入光口 10、第二伸缩杆 11、转轴 12，烧烤装置主要包括桌脚 5、桌面 6、烧烤板 7、出光口 9，如图 6-1 所示。

凸透镜 1 用玻璃制作而成，由两面构成，一面为圆面，另一面为弧面，圆面直径在 $1\sim2$ m；在凸透镜的边缘有三根第一伸缩杆 2 与凸透镜 1 相连。三根第一伸缩杆 2 均匀分布在凸透镜 1 的边缘，底部固定在底座 3 上，底座为聚光装置的支撑基面，顶部与凸透镜 1 连在一起。三根第一伸缩杆 2 可以调节长度，从而方便调节凸透镜 1 的圆面正对太阳，将太阳光经过凸透镜 1 汇聚。在凸透镜 1 下方，有一个入光口 10，入光口 10 为一个开口向上的喇叭状结构，入光口 10 内表面光滑，并涂有反光材料；入光口 10 与第二伸缩杆 11 的一端固定在一起，入光口的底部有一个孔，孔与导光管 4 相连，从而使凸透镜 1 汇聚的太阳光经过入光口 10 进入导光管 4。导光管 4 由光纤制作而成，在导光管 4 的末端为出光口 9。出光口 9 为圆台状结构，可以使导光管 4 里的太阳光更加聚集，从出光口 9 出来后可以打在烧烤板 7 上，从而将烧烤板 7 加热，来达到烧烤的目的。第二伸缩杆 11 的结构原理与第一伸缩杆 2 一致，也是可以调节长度的机械结构，该结构直接采用市面上伞柄的伸缩结构。第二伸缩杆 11 的底端固定在转轴上，可以围绕转轴转动，从而调节角度，调节入光口 10，使其对准凸透镜的焦点，将太阳光引入导光管 4。

烧烤装置由一张桌子构成，包括桌脚 5、桌面 6、烧烤板 7。在一条桌脚 5 上有一根固定杆 8，固定杆 8 一端与桌脚 5 固定，另外一端将导光管 4 固定在空中，使导光管 4 的末端出光口 9 位于烧烤板 7 下方，且距离烧烤板 7 不远。桌子可以为一般正常木质材料或铁质材料，在位于桌面的中央，有一块厚度在 2~3 mm 的合金，可为圆形或方形，即烧烤板 7。在烧烤时，将需要烧烤的食物放在烧烤板 7 上，出光口 9 位于烧烤板 7 下方，从凸透镜 1 聚集的太阳光经过导光管 4 传递，汇聚后的太阳光从出光口 9 出来，打在烧烤板 7 下方，从而将食物加热。

本实用新型的有益效果是：可以很方便快捷地实现太阳能烧烤，不用点火，安全，只要有太阳，就可以在露天举行烧烤；烧烤反应时间快，容易控制火力。

5. 附图说明

图 6-1 （a）是本实用新型的西南等轴测图。

图 6-1 （b）是本实用新型的东南等轴测图。

图 6-1 （c）是本实用新型的聚光装置立体图。

图 6-1 （d）是本实用新型的桌子立体图。

图 6-1 （e）是本实用新型的出光口。

6. 具体实施方式

为了便于本领域普通技术人员理解和实施本实用新型，下面结合图 6-1 对本实用新型做进一步的详细描述。此处的描述仅用于说明和解释本实用新型，并不用于限定本实用新型。

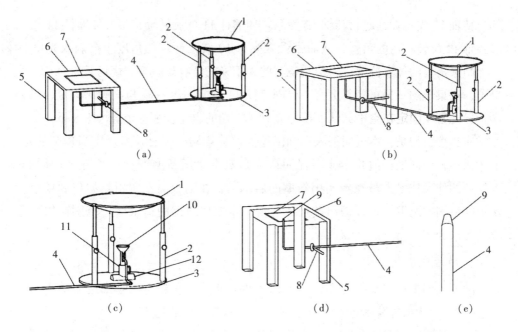

1—凸透镜；2—第一伸缩杆；3—底座；4—导光管；5—桌脚；6—桌面；7—烧烤板；

8—固定杆；9—出光口；10—入光口；11—第二伸缩杆；12—转轴。

图 6-1　一种太阳能烧烤器

（a）西南等轴测图；（b）东南等轴测图；（c）聚光装置立体图；（d）桌子立体图；（e）出光口

本实用新型主要由两部分构成，一部分为聚光装置，另外一部分为烧烤装置。聚光装置包括收集太阳能的凸透镜 1、入光口 10 和导光管 4，烧烤装置包括桌面 6 和位于桌面 6 中央的烧烤板 7；凸透镜 1 为一个球的一部分，凸透镜 1 表面由一个圆面和一个弧面构成，圆面的直径在 1～2 m。在凸透镜 1 的边缘均匀分布有三根第一伸缩杆 2，第一伸缩杆 2 可以调节长度，工作原理与伞柄的结构原理一致，可以控制第一伸缩杆 2 的总长度，从而调节凸透镜的圆面，使其正对太阳。三根第一伸缩杆 2 的底部与底座 3 连在一起，底座 3 为聚光装置的基底，在底座 3 内部、位于凸透镜 1 的地方，有一个开口朝上的喇叭状结构，即为入光口 10。入光口 10 内表面光滑，并涂有反光材料，入光口 10 底部有孔，底部的孔与导光管 4 连在一起。导光管 4 为光纤，可以将入光口 10 进入的太阳光从一端传输到另外一端；导光管 4 一端与入光口 10 相连，另外一端与出光口 9 相连。出光口 9 为圆台状结构，圆台下底面与导光管 4 相连，太阳光从圆台上底面射出，在工作时，出光口 9 位于烧烤板 8 的下方、距离烧烤板不远的地方，使从出光口 9 射出的太阳光束打在烧烤板 8 底部，从而加热烧烤板 8。入光口 10 与第二伸缩杆 11 固定在一起，第二伸缩杆 11 和第一伸缩杆 2 的工作原理一致，为可以调节长度的结构，第二伸缩杆 11 的底部与转轴 12 固定在一起，转轴 12 为第二伸缩杆 11 的旋转轴，第二伸缩杆 11 可以绕转轴 12 旋转一定的角度，从而带动入光口 10 转动一定的角度，控制入光口 10 位于凸透镜 1 的焦点位置，将凸透镜 1 的太阳光完全收集起来。烧烤装置包括一张桌子，在桌子的一只桌脚 5 上有一根固定杆 8，固定杆 8 一端与桌脚 5 固定，另一端将导光管 4 固定在空中，从而使导光管 4 末端的出光口 9 位于烧烤板 8 下方。

应当理解的是，本说明书未详细阐述的部分均属于现有技术。应当理解的是，上述描述较为详细，但并不能因此而认为是对本实用新型专利保护范围的限制，本领域的普通技术人员在本实用新型的启示下，在不脱离本实用新型权利要求所保护的范围情况下，可以做出替换或变形。本实用新型的请求保护范围应以所附权利要求为准。

7. 技术创业看技术

随着人们生活水平的提高，越来越多的人开始喜爱旅游，越来越多的人开始走近自然，"太阳能烧烤器"开始热销，并有越来越热的趋势。

现有的户外用品不好用，存在许多问题，如，野外烧烤食物需带燃料，而这些燃料又属于易燃易爆物品。本实用新型本实用新型就是为解决这类问题而做出的创新。从创业的层面看，本实用新型有较大的发展空间，当然，此产品也存在较大的不足，如有风有雨就不能用，太阳能玻璃板易损、易碎、易污，应考虑根据烤箱的结构、功能继续改进和完善。

本实用新型既是一种专利技术，也是一种很好的环保型清洁用具，非常适合旅游业使用，同样也适合学生户外使用。本实用新型专利技术适合社会青年创业使用，如能不断改进完善，形成新的产品定能开拓市场。

6.5.2 创新促创业作品实例 2：一种多方向摇晃婴儿床

1. 所属技术领域

本实用新型属于婴儿用品技术领域，特别涉及一种多方向摇晃婴儿床。

2. 背景技术

现在市面上的婴儿床功能单一，大多只能在一个方向上的摇晃，只能给婴儿短期的舒适感，并且从健康的角度上考虑，长期对婴儿床进行一个方向上的摇晃也不是最优的。鉴于此，有必要提供一款可以进行多方向摇晃的婴儿床，制造多方位的晃动，给婴儿多个方向上的晃动感，以改变现在婴儿床晃动方向单一的现状。

3. 发明内容

为了解决现在婴儿床摇晃方向单一的问题，本实用新型通过在婴儿床脚底部安装两个方向上的摇晃弧块，来使婴儿床进行左右和前后方向上的摇晃，同时添加滑轮，方便父母们推动婴儿床。

4. 技术方案

本实用新型包括婴儿床体 1、床脚 2、左右弧块 3、前后弧块 4、轮子 5、第一转轴 6、半圆圈 7、第二转轴 8、第一固定块 9、第二固定块 10，如图 6-2 所示。本实用新型由木质材料制作而成，所属的婴儿床体 1 为婴儿睡觉用的床，位于婴儿床体 1 下方的四个角有四条腿，为四条床脚 2，床脚 2 与婴儿床体 1 连为一体，不能分开。床脚 2 的下方有左右弧块 3、前后弧块 4 和轮子 5，左右弧块 3 位于婴儿床体 1 的左右侧边位置，前后弧块 4 位于婴儿床体 1 的前后侧边位置。婴儿床体 1 的左右侧边位置，与床脚 2 固定连接有半圆圈 7，即半圆圈 7 与床脚 2 的左右侧表面固定连接，半圆圈 7 为一个半环。半环的一端与床脚 2 固定连接，另一端与第一固定块 9 连接，第一固定块 9 为一块较大的矩形块，与半圆圈 7 固定连接。在第一固定块 9 上有第一转轴 6，第一转轴 6 将第一固定块 9 与左右弧块 3 连接起来。左右弧块 3 可以围绕第一转轴 6 进行 180°旋转，左右弧块 3 为一边为直线、一边为弧线的圆的一部分，厚度适中；左右弧块 3 的弧线一侧朝下，可以使婴儿床在前后方向上进行摇晃，当左右弧块 3 的弧线一侧旋转到上方、直线一侧朝下时，则不可以进行前后方向上的摇晃。婴儿床体 1 的前后侧边位置，与床脚 2 同样固定连接有半圆圈 7，即半圆圈 7 与床脚 2 的前后侧表面固定连接。半圆圈 7 的一端与床脚 2 固定连接，另一端与第二固定块 10 连接，第二固定块 10 与第一固定块 9 大小和形状一样。在第二固定块 10 上有第二转轴 8，第二转轴 8 将第二固定块 10 与前后弧块 4 连接起来。前后弧块 4 可以围绕第二转轴 8 进行 180°旋转，前后弧块 4 为一边为直线、一边为弧线的圆的一部分，厚度适中；前后弧块 4 的弧线一侧朝下，可以使婴儿床在左右方向上进行摇晃，当前后弧块 4 的弧线一侧旋转到上方、直线一侧朝下时，则不可以进行左右方向上的摇晃。在床脚 2 底部，与前后弧块 4 相对的位置同样有半圆圈 7，半圆圈 7 一端与床脚 2 固定连接，另外一端与轮子 5 连接，轮子 5 可以围绕半圆圈 7 旋转，旋转角度为 180°。轮子 5 可以旋转朝下，也可以旋转朝上，当轮子 5 朝下时，则可以推动婴儿床；当要将婴儿床进行前后方向上的摇晃时，使左右弧块 3 的弧线一侧朝下（即使左右弧块 3 处于工作状态），使前后弧块 4 的直线一侧朝下（即使前后弧块 4 处于不工作状态），使轮子 5 朝上（即使轮子 5 处于不工作状态）；当要将婴儿床进行左右方向上的摇晃时，使所述的前后弧块

4 的弧线一侧朝下（即使前后弧块 4 处于工作状态），使左右弧块 3 的直线一侧朝下（即使前后弧块 4 处于不工作状态），使轮子 5 朝上（即使轮子 5 处于不工作状态）；当要移动婴儿床时，使所述的轮子 5 朝下（即使轮子 5 处于工作状态），使前后弧块 4 的直线一侧朝下（即使前后弧块 4 处于不工作状态），使左右弧块 3 的直线一侧朝下（即使左右弧块 3 处于不工作状态）；通过调节左右弧块 3、前后弧块 4、轮子 5，则可以在前后方向上摇晃、左右方向上摇晃和移动婴儿床之间切换模式，从而方便父母移动婴儿床、摇晃婴儿床，给婴儿舒适的体验。

本实用新型的有益效果是：使婴儿床多方向进行摇晃，给婴儿更好的体验。

5. 附图说明

图 6-2（a）是本实用新型使用轮子时的西南等轴测图。

图 6-2（b）是本实用新型使用轮子时的东南等轴测图。

图 6-2（c）是本实用新型使用左右弧块时的西南等轴测图。

图 6-2（d）是本实用新型使用左右弧块时的东南等轴测图。

图 6-2（e）是本实用新型使用前后弧块时的西南等轴测图。

图 6-2（f）是本实用新型使用前后弧块时的东南等轴测图。

图 6-2（g）是本实用新型的床脚位置局部放大图。

6. 具体实施方式

为了便于本领域普通技术人员理解和实施本实用新型，下面结合图 6-2 对本实用新型做进一步的详细描述。应当理解，此处的描述仅用于说明和解释本实用新型，并不用于限定本实用新型。

本实用新型的婴儿床体 1 为婴儿睡觉所使用的床，位于婴儿床体 1 的下方有四条腿，为四条床脚 2，位于床脚 2 下方的三个侧面各固定有一个半圆圈 7，位于婴儿床体 1 的左右侧，在一个床脚 2 上有一个半圆圈 7，位于婴儿床体 1 的前后侧，在另一个床脚 2 上也有一个半圆圈 7，与前后侧连接的半圆圈 7 相对。半圆圈 7 为半个圆环，半个圆环的一端与床脚 2 固定连接；左右侧位置上的半圆圈 7 的另一端固定连接的是第一固定块 9，第一固定块 9 为一块稍大一点的矩形块，在第一固定块 9 上有第一转轴 6；第一转轴 6 将第一固定块和左右弧块 3 连接起来，左右弧块可以绕第一转轴 6 进行 180° 旋转。左右弧块 3 为一边为直线，另外一边为弧线的一个圆的一部分，厚度适中，在婴儿床体 1 的左右两侧各有一块。当左右弧块 3 的弧线一侧旋转朝下时，左右弧块 3 处于工作状态，即婴儿床体 1 可以进行前后方向上的摇晃；当左右弧块 3 的直线一侧旋转朝下时，则左右弧块 3 处于不工作状态，即婴儿床体 1 不能进行前后方向上的摇晃。与前后侧位置上的半圆圈 7 的另外一端固定连接的是第二固定块 10，第二固定块 10 与第一固定块 9 大小和形状一致，在第二固定块 10 上有第二转轴 8。第二转轴 8 将第二固定块 10 和前后弧块 4 连接起来，前后弧块 4 可以绕第二转轴 8 进行 180°旋转。前后弧块 4 为一边为直线、另外一边为弧线的一个圆的一部分，厚度适中，在婴儿床体 1 的前后两侧各有一块。当前后弧块 4 的弧线一侧旋转朝下时，则前后弧块 4 处于工作状态，即婴儿床体 1 可以进行左右方向上的摇晃。当前后弧块 4 的直线一侧旋转朝下时，则前后弧块 4 处于不工作状态，即婴儿床体 1 不能进行左右方向上的摇晃。与前后方向上的半圆圈 7 相对位置上的半圆圈 7 的另外一端与轮子 1 相连，轮子 5 为万向轮，可以使婴儿床朝任意方向推动。轮子 5 可以绕半圆圈 7 进行旋转，旋转角度为 180°，即轮子 5 可以旋转朝下或旋转朝上，当轮子 5 旋转朝下时轮子 5 处于工作状态，当轮子 5 旋转朝上时轮子 5 处于不工作状态。当要将婴儿床进行前后方向上的摇晃时，使左右弧块 3 的弧线一侧朝下（即使左右弧块 3 处于工作状态），使前后弧块 4 的直线一侧朝下（即使前后弧块 4 处于不工作状态），使轮子 5 朝上（即使轮子 5 处于不工作状态）；当要将婴儿床进行左右方向上的摇晃时，使前后弧块 4 的弧线一侧朝下（即使前后弧块 4 处于工作状态），使左右弧块 3 的直线一侧朝下（即使前后弧块 3 处于不工作状态），使轮子 5 朝上（即使轮子 5 处于不工作状态）；当要移动婴儿床时，使轮子 5 朝下（即使轮子 5 处于工作状态），使前后弧块 4 的直线一侧朝下（即使前后弧块 4 处于不工作状态），使左右弧块 3 的直线一侧朝下（即使左右弧块 3 处于不工作状态）；调节左右弧块 3、前后弧块 4、轮子 5，则可以使婴儿床在前后方向上摇晃、左右方向上摇晃和移动之间切换模式。

　　尽管此处较多地使用了婴儿床体 1、床脚 2、左右弧块 3、前后弧块 4、轮子 5、第一转轴 6、半圆圈 7、第二转轴 8、第一固定块 9、第二固定块 10 等术语，但并不排除使用其他术语的可能性。使用这些术语仅仅是为了更方便地描述本实用新型的本质，把它们解释成任何一种附加的限制都是与本实用新型精神相违背的。

　　应当理解的是，上述未详细阐述的部分均属于现有技术。应当理解的是，上述描述较为详细，但并不能因此而认为是对本实用新型专利保护范围的限制。本领域的普通技术人员在本实用新型的启示下，在不脱离本实用新型权利要求所保护的范围情况下，可以做出替换或变形。本实用新型的请求保护范围应以所附权利要求为准。

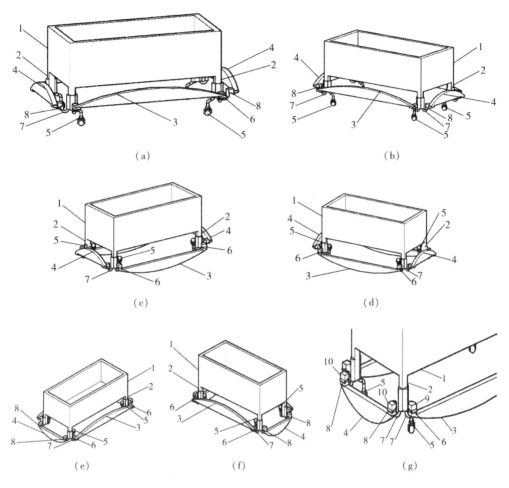

1—婴儿床体；2—床脚；3—左右弧块；4—前后弧块；5—轮子；6—第一转轴；

7—半圆圈；8—第二转轴；9—第一固定块；10—第二固定块。

图6-2　一种多方向摇晃婴儿床

（a）使用轮子时的西南等轴测图；（b）使用轮子时的东南等轴测图；（c）使用左右弧块时的西南等轴测图；

（d）使用左右弧块时的东南等轴测图；（e）使用前后弧块时的西南等轴测图；

（f）使用前后弧块时的东南等轴测图；（g）床脚位置局部放大图

7. 技术创业看技术

本实用新型具有明显优势，即具有良好的独占性（专利网中查新结果单一），同时，与现有婴儿床相比使用更加方便（四个方向均能摇晃），在今后的推广过程中占极大的优势。2016 年，国家允许一对夫妻生育两个孩子，这给本实用新型提供了广阔的空间。本实用新型有极大的应用市场，值得开发运用，值得作为创业项目而大力推广。

本实用新型还可在原基础上不断改进完善，如增加智能功能、自动监控功能等。创业最可贵的地方就是要善于发现商机。创业成功就是善于观察市场走向，善于发现问题，善于抓住机会并赢得先机。

6.5.3　创新促创业作品实例 3：一种电动吸焊枪

1. 所属技术领域

本发明属于电力送风装置技术领域，特别涉及一种电动吸焊枪。

2. 背景技术

对于硬件工作人员来说，在制作电路板的过程中，将元器件接错的情况并不少见，由于焊锡将元器件牢牢地固定在电路板上，所以很难将其拆卸下来，对此人们普遍使用的解决办法是将需要拆卸的元器件的引脚用电烙铁熔化之后用吸焊枪将液体状态的焊锡吸走，从而使元器件的引脚干净，方便卸下元器件。但现存的缺点是，吸焊锡时需要多次吸取才能将元器件引脚上的液体焊锡吸收干净，而且吸焊枪是将内部的弹簧上膛，然后人们再通过按钮，让吸焊枪里面的活塞在瞬间弹回的时候将焊锡吸走，过程烦琐。另外，人们需要一只手握好电烙铁，一只手将吸焊枪上膛，再将吸焊口对准元器件引脚，整个工作进程耗时较长。鉴于此，有必要提供一种更好的装置，以改变现在的情况。

3. 发明内容

为了解决现有吸焊枪需要人们多次上膛、一个人操作不便的问题，本发明提供一种通过电机转动带动空气快速流动来吸走熔化焊锡的电动吸焊枪，使人们只要轻轻按一下按钮，就达到吸取焊锡的目的。

4. 技术方案

本发明主要包括基底 1、出气口 2、漏斗 3、导管 4、按钮 5、收锡器 6、吸口 7、过滤片 8、电机 9、扇叶 10，如图 6-3 所示。该电动吸焊枪主要由两部分组成，一部分为电动吸气装置，另外一部分为吸气导管组成的吸气结构。电动吸气装置的底部为基底 1，基底 1 有整个吸气装置的出气口 2，在基底 1 内部有电机 9，电机 9 上有扇叶 10，在基底 1 上方有漏斗 3，漏斗 3 为圆锥结构，圆锥顶部与导管 4 相连，导管 4 由硬度较适中的塑料做成，可以保证一定的柔韧度和当吸气装置从导管 4 里吸气时，不会出现导管 4 变瘪的情况。在基底 1 靠近底部的位置有出气口 2，出气口 2 为基底 1 侧面的一些开口结构，在基底 1 内部电机 9 转动时，可以使电机 9 旋转抽走的空气，从出气口 2 排出。导管 4 的末端为吸口 7，吸口 7 为一段较细较短的管子，在使用该装置时，将吸口 7 对准需要吸取焊锡的位置，从而将焊锡从吸口 7 吸走。靠近吸口 7 的地方有一个圆球状的结构，为收锡器 6，在收锡器 6 内部中间与导管 4 成垂直关系的位置有一张过滤网，为过滤片 8，过滤片 8 可以将从吸口 7 吸进来的焊锡阻挡住，让焊锡垃圾停留在收锡器 6 里面。收锡器 6 为两个半圆球，通过螺纹连接在一起，可以拧开从而将收锡器 6 里的焊锡垃圾清理出去。在收锡器 6 边上有一个按钮开关，为按钮 5，按钮 5 为电机 9 的控制开关，当需要使用该电动吸焊枪时，通过按钮 5，使电机 9 的电路被接通，电机 9 开始旋转，带动扇叶 10 转动，扇叶 10 转动可以带动漏斗 3 内的气流流动，气流方向为从导管 4 进入，从出气口 2 流出。由于导管 4 的直径较细，所以可以造成很强的吸力，彻底将元器件引脚上的液态焊锡吸干净。

本发明的有益效果是：可以减少电子工程师很多不必要的麻烦，保证了整个清理过程的流畅性和安全性；加快了工作进度，提高了效率；结构新颖，操作简单，装置小巧、轻便、灵活。

5. 附图说明

下面结合附图对本发明做进一步说明。

图 6-3（a）是本发明的西南等轴测图。

图 6-3（b）是本发明的东南等轴测图。

图 6-3（c）是本发明切面图的西南等轴测图。

图 6-3（d）是本发明切面图的东南等轴测图。

6. 具体实施方式

如图 6-3 所示，基底 1 为整个吸焊枪的基座，在基底 1 的侧边有出气口 2，出气口 2 为一些开口，可以保证在基底 1 里面的电机 9 转动时，带动扇叶 10 转动，从而保证气流从出气口 2 顺利流出。在基底 1 的上面有漏斗 3，漏斗 3 为圆锥结构，漏斗 3 的顶部与导管 4 相连。导管 4 为一根较细的硬质塑料管，同时具有一定的柔韧度，可以进行一定的弯曲操作。导管 4 的末端为吸口 7，吸口 7 为一段较细的管子，当吸口 7 的直径较小时，可以增加从吸口 7 进入的气体的流速，从而使需要吸取的焊锡快速彻底地被吸走。

在靠近吸口 7 的位置有一个圆球状的收锡器 6，收锡器 6 为两个半球，它们通过螺纹拧紧连接在一起。在螺纹连接的地方，有一片过滤片 8，过滤片 8 为一层铁丝网状结构，可以让从吸口 7 吸进来的焊锡汇聚在收锡器 6 里面。通过旋转螺纹打开收锡器 6，可以清理走收锡器 6 内部的焊锡垃圾。

在导管 4 上有按钮 5，按钮 5 为电机 9 的电路控制开关，按下按钮 5 可以使电机9的电路接通，从而启动电机9，带动扇叶10转动，使气流从吸气口7进入，从出气口3流出。

导管4由具有一定柔韧度的硬质塑料制作而成，基底1与漏斗3以硬质塑料制作即可；过滤片8为网状铁丝结构。

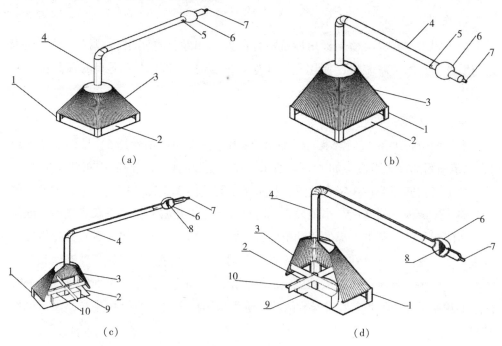

（a）　　　　　　　　　　　　（b）

（c）　　　　　　　　　　　　（d）

1—基底；2—出气口；3—漏斗；4—导管；5—按钮；6—收锡器；7—吸口；8—过滤片；9—电机；10—扇叶。

图6-3　一种电动吸焊枪

（a）西南等轴测图；（b）东南等轴测图；（c）切面图的西南等轴测图；（d）切面图的东南等轴测图

7. 技术创业看技术

如今，"中国制造"一词很热门，这一词反映了中国实体经济正待复苏、发力。其中，电子工业产品突飞猛进，加工制造领域的工具也随之发生改变，本发明便是在这样的环境下诞生的。

6.5.4　创新促创业作品实例4：一种预制板房屋抗震装置

1. 所属技术领域
本实用新型属于建筑领域，特别涉及一种预制板房屋抗震装置。

2. 背景技术
我国大多数农村地区的房屋是低层预制板房屋，预制板的两头分别搭在两面墙顶上，这种房屋在大地震时墙身剧烈摇晃，预制板容易在摇晃中离开墙顶落下，砸烂家具、伤及生命，这也是大地震中造成人员伤亡的主要原因。虽然如今新建楼房不再使用预制板，但以往建造的大部分老房屋采用了预制板，当地震来临时，为了能有效减少损伤，有必要设计一种装置来解决这个问题。

3. 发明内容

为了解决现有低层预制板房屋抗震性能差的问题，本实用新型提供了一种木条与墙体结合的抗震装置，使用它能在遇到地震时支撑住掉落下来的预制板，延长逃生时间。

4. 技术方案

本发明由长木条1、预制板2、墙体3、限位底座4、钢丝绳5、墙体锚固钢板6、木条锚固部件7组成，如图6-4所示。在低层预制板房屋内四周布置长木条1，长木条1紧挨四周墙体3竖直放置，长木条1与墙体3间无粘接固定，长木条1的高度略小于屋内空间高度。当地震来临时，长木条1在剧烈晃动下移动倾斜，限位底座4限制了长木条1下部的移动范围，锚固在墙体3的钢丝绳5绷直并连接在长木条1上，使其不倾倒在地。在地震剧烈晃动下，长木条1均呈倾斜状态，相互之间形成三脚架，长木条1组成的稳定的三脚架结构和绷直的钢丝绳5能支撑地震时落下的预制板2，在下方形成安全区域，避免预制板2落下后砸伤生命，延长逃离时间。

由于地震时低层房屋四面墙体均倒塌的现象极少出现，本实用新型利用墙体和长木条组合配置是合理、安全、可靠的。本实用新型中的长木条1可摆放在合适位置，并进行外观美化，不影响房屋的美观。

本实用新型的有益效果是：构思新型、结构简单、造价低廉、方便实用，还可以在装饰室内墙体的同时形成安全可靠的抗震装置。

5. 附图说明

下面结合附图对本实用新型做进一步说明。

图6-4（a）是本实用新型的侧视图。

图6-4（b）是本实用新型的俯视图。

图6-4（c）是本实用新型局部长木条倾斜后的结构示意图。

图6-4（d）是本实用新型具体实施后的示意图。

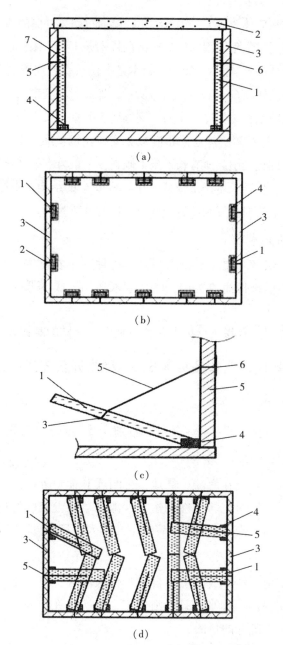

1—长木条；2—预制板；3—墙体；4—限位底座；5—钢丝绳；6—墙体锚固钢板；7—木条锚固部件。

图 6-4　一种预制板房屋抗震装置

（a）侧视图；（b）俯视图；（c）局部长木条倾斜后的结构示意图；（d）具体实施后的示意图

6. 具体实施方式

如图 6-4（a）所示，长木条 1 高度略低于室内空间高度，紧挨着墙体 3 竖直放置，预制板 2 搭放在墙体 3 顶上，钢丝绳 5 一端通过墙体外侧的墙体锚固钢板 6 固定在墙体上，另一端通过木条锚固部件 7 连接在长木条 1 上，限位底座 4 控制长木条 1 下部的移动范围。如图 6-4（b）所示，长木条 1 摆放在四周墙面上，当无晃动时长木条 1 均竖直摆放。如图 6-4（c）、（d）所示，地震时地震带来的晃动使长木条 1 倾斜，下部活动范围限制在限位底座 4 内，钢丝绳 5 绷直，长木条 1 与墙体 3、钢丝绳 5 等组成一个简单支撑装置，掉落的预制板 2 支撑在钢丝绳 5 上。如图 6-4（d）所示，假如地震带来的晃动引起所有长木条 1 倾斜，木条与木条之间相互交叉形成类似于三脚支架的结构，数根长木条 1 组成一个牢固安全的结构，支撑落下的预制板 2，在该结构的下方形成临时的安全区域，延长人们的逃离时间。

7. 技术创业看技术

本实用新型不仅是一项专利技术，更是一种利于农村房屋抗震、抗险、自救的有效方法。它不但操作简单实用，而且家家适用、成本低廉，十分适合大学生创业。

创业需要有思想、有想法，更需要有与别人不一样的赚钱方法或谋生手段。

6.5.5　创新促创业作品实例 5：一种半开日光浴遮帘

1. 所属技术领域

本发明属于日常生活用品技术领域，特别涉及一种半开日光浴遮帘。

2. 背景技术

现在人们越来越喜欢在海滩、草地、公园或其他户外的地方休闲娱乐，享受大自然带来的快乐，同时也希望在湖边、沙滩、草地上有临时的私人空间，可以不被他人妨碍，但是，帐篷空间小，容不下几个人，且将自己完全与大自然隔开。

3. 发明内容

为了解决在草地、沙滩或湖边将自己与他人隔开，但是能与大自然近距离接触的问题，本发明提供一种半开日光浴遮帘，来实现在户外放松、亲近大自然的同时将自己与陌生人隔开的目的。

4. 技术方案

本发明主要包括遮布 1、凸起 2、插针 3、风孔 4、布孔 5、支杆 6、螺纹头 7、螺纹槽 8，如图 6-5 所示。遮布 1 上有凸起 2，凸起 2 内部为中空，即为布孔 5。支撑杆通过穿到布孔 5 里将遮布 1 拉着直立起来。布孔 5 为顶端封闭的半通孔，顶端封闭是因为需要利用支撑杆顶起遮布 1，而使遮布 1 围出人们需要的高度。支撑杆由几根支杆 6 和一根插针 3 组成，插针 3 在下，将支杆 6 的螺纹头 7 与插针 3 的螺纹槽 8 通过螺纹紧固起来。支杆 6 的另外一端是螺纹槽 8。根据高度需要，还可将螺纹槽 8 与另一根支杆 6 的螺纹头 7 相连，增长支撑杆，从而支撑起不同高度的遮帘。

本发明中插针 3 为固定遮帘端，在使用时，需要将插针 3 插入土或沙地里，稳定整个遮帘装置。插针 3、支杆 6 构成遮帘 1 的支撑杆，将支撑杆穿入到布孔 5 里。遮布 1 为一般尼龙材料的布料，遮帘使用者可以根据自己的需要将遮帘搭建成圆形、扇形、长方形或正方形，只要将插针 3 按照自己的意愿在地上插出自己想要的图形就可以了，遮布 1 可以跟随插针 3 插在地上的形状任意弯曲，不过两个相邻凸起 2 之间的最大距离不能改变，从而相邻两个布孔 5 之间的最大距离固定不变。

在使用遮帘的过程中，可能会遇到比较大的风，所以不论遮帘开口朝向哪一个方向，也不论风从哪一个方向吹来，当风进入圈起来的小区域时，为防止风在小区域内聚集将遮帘吹倒，增加风孔 4，防止遮帘被吹倒。

本发明的有益效果是：使用方便，结构简单，轻巧便捷、便于携带，能够让我们在户外享受大自然的同时不被别人打扰。

5. 附图说明

下面结合附图对本发明做进一步说明。

图 6-5（a）是本发明的主视图。

图 6-5（b）是本发明的左视图。

图 6-5（c）是本发明的俯视图。

图 6-5（d）是本发明的西南等轴测图。

图 6-5（e）是本发明的东北等轴测图。

图 6-5（f）是本发明遮布的立体图。

图 6-5（g）是本发明支撑杆的主视图。

图 6-5（h）是本发明支撑杆连接头的立体图。

6. 具体实施方式

如图 6-5 所示，遮布 1 上的两端和中间隔一定的距离有一个凸起 2，凸起 2 内部有布孔 5，插针 3 的一头是尖锐的针、另一头是螺纹槽 8，支杆 6 的一头是螺纹头 7、另一头是螺纹槽 8，一根支杆 6 的螺纹头与插针 3 的螺纹槽 8 通过螺纹拧在一起，将螺纹槽 8 与另一根支杆 6 的螺纹头 7 相连，可以增长支撑杆。支撑杆可以穿到布孔 5 里，插针 3 插到泥土或沙子里，从而稳定住支撑杆。布孔 5 套在支撑杆上，可以支撑起遮布 1，布孔 5 的顶部是封闭的，可以为遮布 1 提供支撑点，使支撑杆支撑起遮布 1。遮布 1 的支撑高度可以通过多根支杆 6 相连来达到不同的高度。遮布 1 上的凸起 2 之间的距离是固定的，所以布孔 5 之间的距离也是固定的，当用插针 3 搭建不同的造型时，两根相邻插针 3 之间的距离不能超过相邻两个布孔

5 之间的最大距离。遮布 1 为尼龙布料，便于折叠，且可以根据插针 3 插出的形状调整形状。当遭遇强风时，风孔 4 可以将风排到外面，防止遮帘被吹倒。

支杆 6 的两端通过螺纹紧固方式连接。插针 3 尖锐的一端可以插到土或沙地里，另外一端通过螺纹紧固方式连接。支撑杆为合金，重量轻。

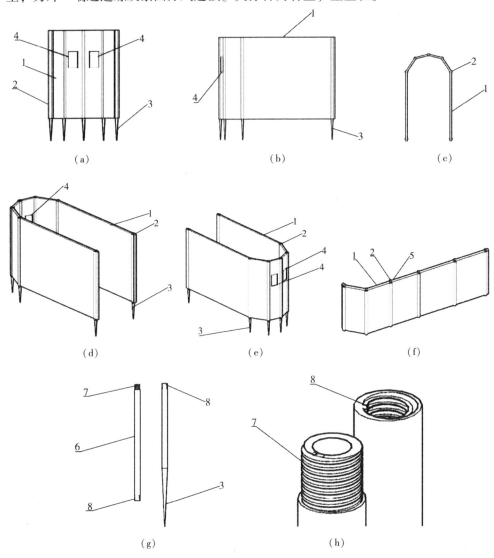

1—遮布；2—凸起；3—插针；4—风孔；5—布孔；6—支杆；7—螺纹头；8—螺纹槽。

图 6-5 一种半开日光浴遮帘

(a) 主视图；(b) 左视图；(c) 俯视图；(d) 西南等轴测图；(e) 东北等轴测图；
(f) 遮布的立体图；(g) 支撑杆的主视图；(h) 支撑杆连接头的立体图

7. 技术创业看技术

随着收入的日益提高，人们外出旅行的时间越来越多。旅行时的不方便之处，也促使人们产生改进和完善旅行装备的想法。

本发明就是针对旅行时中存在的不足而提出的。它采用插针为固定遮帘端，在使用时将插针插入土或沙地里，稳定整个遮帘装置；插针、支杆构成遮帘的支撑杆，将支撑杆穿入到布孔里，遮布为一般尼龙布料，遮帘使用者可以根据自己的需要将遮帘搭建成圆形、扇形、长方形或正方形。

从创业的层面而言，市场靠培育，消费靠引导，产品要开发，观念要更新，要想创业成功只能靠创新。人生最重要的是通过努力奋斗来发展自己，发展自己的人往往立足于自己的事业，并尽力去发展自己的合作伙伴，最终实现自己的理想。

6.5.6　创新促创业作品实例6：一种泡沫塑料拼接结构

1. 所属技术领域

本实用新型属于材料拼接方式技术领域，特别涉及一种泡沫塑料拼接结构。

2. 背景技术

泡沫塑料有容重低、隔热好、耐腐蚀、吸水率低等诸多优点，作为重要的包装材料，其运用在产品的包装领域越来越广泛。但是，很多大体积产品的包装均采用分体泡沫设计，这种泡沫塑料包装方式的整体性和固定性差，在搬运过程中会移位或变形，造成内部产品受损，且目前泡沫机床设备生产大体积泡沫的难度和成本较大。鉴于此，有必要提供一种小体积泡沫塑料的组合方式，使其在满足基本使用功能的同时，实现良好的整体性。

3. 发明内容

为了解决现有泡沫塑料分体包装设计整体性差的问题，本实用新型提供了一种燕尾状泡沫榫销与泡沫塑料相结合的拼接结构，来实现泡沫塑料通过简单拼接变成整体结构的目的。

4. 技术方案

本实用新型是在现有的泡沫塑料连接处增加卯孔槽3，待拼接的泡沫塑料卯孔槽规格一致。设计一种与卯孔槽规格匹配拼接的榫销1，用以连接相邻的泡沫塑料。

如图6-6所示，泡沫塑料的连接方式为：相邻的泡沫塑料2紧靠，卯孔槽对齐摆放，形成对称结构，与之大小匹配的榫销1卡入卯孔槽3，完成拼接，所有泡沫塑料均以此种方式拼接形成整体结构。

本实用新型是在需要用泡沫塑料包装大体积产品且分体包装方式无法实现整体固定的情况下，通过榫销和泡沫塑料间契合产生的作用力，使得拼接组装在一起的泡沫塑料结合牢固，不容易在外力作用下产生移动。

本实用新型的有益效果是：构思新型、结构简单、方便实用，在不影响泡沫塑料包装正常使用功能的同时，实现整体固定性好的目的。

5. 附图说明

下面结合附图对本实用新型做进一步说明。

图 6-6（a）是本实用新型榫销拼接连接同一水平面泡沫塑料结构的示意图。

图 6-6（b）是本实用新型榫销拼接连接水平面和立面泡沫塑料结构的示意图。

6. 具体实施方式

如图 6-6（a）所示，同一水平面泡沫塑料 2 连接处有卯孔槽 3，卯孔槽 3 为燕尾状，其规格尺寸可灵活设计，但相邻两块泡沫塑料对齐摆放的卯孔槽尺寸一致，榫销 1 材质可为泡沫塑料，其大小规格与卯孔槽 3 匹配。

如图 6-6（b）所示，水平面泡沫塑料 2 设计有立面泡沫塑料 2，卯孔槽 3 设计在立面泡沫塑料上，立面泡沫塑料 2 连接处有卯孔槽，榫销 1 与卯孔槽 3 规格匹配，相连接的泡沫塑料连接处卯孔槽对齐摆放，通过榫销实现拼接。

泡沫塑料的厚度大于或等于 5 cm，相邻两块泡沫塑料 2 的卯孔槽 3 对齐摆放，榫销 1 卡入对齐摆放的卯孔槽 3 中，类似于燕尾卯榫拼接连接。所有泡沫塑料 2 均以此种方式连接，形成一个整体结构，依靠榫销 1 在卯孔槽 3 中拼接契合，形成作用力，实现分体泡沫塑料的整体牢固。

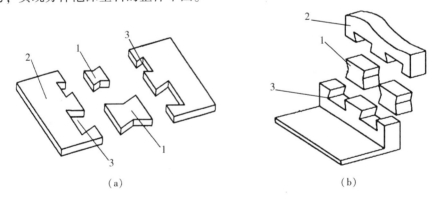

（a）   （b）

1—榫销；2—泡沫塑料；3—卯孔槽。

图 6-6 一种泡沫塑料拼接结构

（a）榫销拼接连接同一水平面泡沫塑料结构的示意图；（b）榫销拼接连接水平面和立面泡沫塑料结构的示意图

7. 技术创业看技术

在工业制造领域，木工在制作木器时常常将两块平板直角相接，为防止受拉力时脱开，榫销做成梯台形，故名"燕尾榫"。无论是制作房屋木架上的升斗结构，还是制作家具中的挂销串销结构，还有制作抽屉箱柜的明扣、暗扣，都可使用燕尾结构。

本实用新型通过"燕尾榫"将两块相同或不同材质的物件连接在一起形成整体，解决了原有胶接、销固易松动的问题。本实用新型所采用的方法具有很多优点，可广泛用于众多领域，如金属与金属连接、金属与非金属连接、硬块与软块连接、水泥与玻璃连接、木块与砖墙连接等。

从技术创业的层面来看，该方法简单实用，用途广泛面广，非常适合技术创业，特别适合中小企业等通过"燕尾榫"建立应用标准，便于加工、检验、应用和推广。

思考题

1. 我国职业大约有多少种？为什么会出现职业增减现象？
2. 职业没有高低贵贱之分却有收入的高低，你怎样看待这个问题？
3. 职业与社会存在着相互关系，你能举例说明吗？

第 7 章

职场道德与职业规则

7.1　职业道德

7.1.1　职业道德的定义和内容

1. 职业道德的定义

职业道德是指从业人员在职业活动中应该遵循的行为准则，涵盖了从业人员与服务对象、职工与职工、职业与职业之间的关系。

从事不同职业的人员在特定的职业活动中形成了特殊的职业关系，包括职业主体与职业服务对象之间的关系、不同职业团体之间的关系、同一职业团体内部人与人之间的关系，以及职业劳动者、职业团体与国家之间的关系。

职业道德是社会道德在职业生活中的具体体现，与人们的职业活动紧密相关。它不仅规范了从业人员在职业活动中的行为，而且承担着社会责任或义务。作为企业发展的必要行为之一，企业的职业道德水平，不仅影响企业的形象，也直接影响企业的经济利益。坚持职业道德，是企业生存的根本；强化职业道德建设，是企业发展的关键。

2. 职业道德的内容

职业道德包括以下八个方面的内容。

（1）职业道德是一种职业规范，受社会普遍认可。

（2）职业道德是长期以来自然形成的。

（3）职业道德没有确定形式，通常体现为观念、习惯、信念等。

（4）职业道德依靠文化、内心信念和习惯，通过员工的自律得以实现。

（5）职业道德大多没有实质的约束力和强制力。

（6）职业道德的主要内容是对员工义务的要求。

（7）职业道德标准多元化，代表了不同企业可能具有不同的价值观。

（8）职业道德承载着企业文化和凝聚力，影响深远。

7.1.2　职业道德的基本要求

概括而言，职业道德主要包括以下几个方面的内容：忠于职守，乐于奉献；实事求是，不弄虚作假；依法行事，严守秘密。

1. 忠于职守，乐于奉献

尊职敬业，是从业人员应该具备的基本职业道德，是做到求真务实、优质服务、勤奋奉献的前提和基础。从业人员首先应安心工作、热爱工作、热爱所从事的行业，把理想和追求落到工作实处，在平凡的工作岗位上作出非凡的贡献。

从业人员有了尊职敬业的精神，就能在实际工作中积极进取，把好工作质量关。对工作认真负责，同时认真分析工作中的不足，积累经验。

敬业奉献是职业道德的内在要求。市场经济的发展，对从业人员的职业观念、态度、技能、纪律和作风都提出了新的、更高的要求。

职业作为认识和管理社会的基础性工作，从业人员要有高度的责任感和使命，热爱工作，献身事业，树立崇高的职业荣誉感。要克服任务繁重、条件艰苦等困难，勤勤恳恳，任劳任怨，甘于寂寞，乐于奉献。

要适应新形势的变化，刻苦钻研，加强个人的道德修养，处理好个人、集体、国家三者间的关系，树立正确的世界观、人生观和价值观，把继承中华民族传统美德与弘扬时代精神结合起来，坚持解放思想、实事求是，与时俱进、勇于创新。

2. 实事求是，不弄虚作假

实事求是，不光是思想路线和认识路线的问题，也是一个道德问题，而且是职业道德的核心。"求"就是深入实际，调查研究；"是"有两层含义，一是是真不是假，二是社会经济现象数量关系的必然联系（即规律性）。为此，必须办实事，求实效，坚决反对和制止工作上弄虚作假。这就需要有职业良心、职业作风与职业态度。如果夹杂私心杂念，为了满足自己的私利或迎合某些人的私欲，弄虚作假、虚报浮夸，就会背离实事求是的原则。

职业道德尤其对为人师表的教育工作者非常重要。根据《关于加强和改进高校青年教师思想政治工作的若干意见》（教党〔2013〕12 号），我国将师德表现作为教师年度考核、岗位聘任（聘用）、职称评审、评优奖励的首要标准，建立健全青年教师师德考核档案，实行师德"一票否决制"。

从业人员要特别注意调查研究，经过去粗取精、去伪存真、由表及里、由此及彼的分析，按照事物本来面貌如实反映，有一说一，有二说二，有喜报喜，有忧报忧，不随波逐流，不看眼行事。

3. 依法行事，严守秘密

坚持依法行事和以德行事"两手抓"。一方面，大力推进国家法治建设，进一步加大执法力度，严厉打击各种违法乱纪的行为，依靠法律的强制力量消除腐败滋生的土壤。另一方面，要通过劝导和教育，提高人们的道德自觉性，把职业道德渗透到工作的各个环节，增强人们的道德意识，从根本上消除腐败现象。严守秘密是各个职业必须遵守的重要准则。

7.2 职业道德与企业生存发展

随着市场经济的迅速发展，职业道德在企业的生存与发展中发挥着越来越重要的作用。职业道德是企业文化建设的重要组成部分，企业的生存发展，不仅与先进的技术知识及管理经验有关，还与企业员工的职业道德息息相关。只有切实加强企业的职业道德建设，才能实现企业的全面发展。

松下幸之助曾说："一个管理者以德服人是最重要的。企业家只有做人恒于正派，做事恒于诚信，良心恒于践行，才能使自己的事业不断发展。"但是很多企业还是没有认识到加强企业道德建设的重要性，这对企业的发展是非常不利的。企业管理者要改变不利于企业发展的经营理念，高度重视企业道德建设，诚信经营，依法经营，平等竞争，严把质量关，严格遵守国家相关法律法规，注重消费者的利益，才能最终促进企业的良性发展。

1. 职业道德与企业文化

企业文化也称公司文化，是 20 世纪 80 年代美国根据企业经营管理的需要，吸收了日本企业的管理经验后首先提出的。它是一个企业的企业精神、企业价值观、企业目标、企业作风、员工科学文化素质、职业道德、企业环境、企业规章制度及企业形象等的总和，是全体职工在长期的劳动和生活过程中创造出来的物质成果和精神成果。

　　企业文化贯穿企业生产经营过程的始终，对社会的进步、事业的发展和企业职工积极性、主动性和创造性的发挥都具有重要的价值。

★ 案例赏析

　　在海尔公司刚刚生产出滚筒洗衣机的时候，广东潮州有一个人给海尔总裁写了一封信，信上说，在广州看到了这种洗衣机，但是在潮州却没有销售的，希望海尔总裁能帮他弄一台。于是，海尔总裁派广州的员工把滚筒洗衣机通过出租车送到潮州去。当出租车行驶到离潮州还有两千米的地方时，因手续和证件不全，被检查站扣住了，最后洗衣机被拿了下来。这位员工于是背着这台 75 千克重的洗衣机上路，走了近 3 个小时把洗衣机送到用户家里，用户一直埋怨他来得太晚。这位员工没有吭声，立即给用户装好了洗衣机。后来，这位用户得知了事情的真相，非常感动，就给《潮州日报》写了一篇稿子。《潮州日报》围绕这件事展开了长时间的讨论，海尔集团由此获得了社会声誉。

【评析】

　　海尔公司成立于 1984 年，90 年代以来，海尔的名字响彻了中国的大江南北。在 20 世纪 80 年代初，海尔公司还只是一个只有 800 人、亏损 100 多万元的集体企业，然而十几年后海尔公司成为在全国 500 强中名列 30 位、销售收入 162 亿元、利润 4.3 亿元、品牌价值 265 亿元的特大型企业。海尔总裁说，企业要靠无形资产来盘活有形资产，只有先盘活人，才能盘活资产，而盘活人的关键是铸造企业文化精神，提高职工的职业道德。职工若没有较高的职业道德，企业就盘活不了有形资产，企业就不会有出路。上述案例可以充分体现了海尔职工的职业道德，假如这名职工缺乏高度的敬业精神和服务意识，那么海尔把"用户的烦恼减少到零"的文化服务目标也就成了一句空话，海尔公司在潮州地区也不会获得那么大的社会声誉。可见，职工的职业道德有利于塑造企业形象，有利于提高企业的社会信誉。

　　2. 职业活动是人全面发展的重要条件

　　职业是人谋生的手段，从事一定的职业是人的需求，职业活动是人全面发展的重要条件。

　　在正常的人生旅途中，人都要在一定的阶段从事一定的职业活动。有职业的生活阶段是人生中重要且宝贵的阶段。个人的职业一旦确定，就伴随一生，就像一些社会活动家、政治家、文化家、医学家及科学家一样，终生都在为所追求的事业奋斗。每个人除了在学校获得进入社会所必需的书本知识外，其社会化过程最重要的步骤大都是在职业训练中完成的。每个人都是社会的一分子，离开社会就不可能有个人的成长、发展和完善，正是职业劳动最终成就了高素质的人才。

在社会生活中，人们相互联系的重要桥梁之一就是所从事的职业活动。没有职业道德的人干不好任何工作，职业道德是个人职业成功的重要条件。在现代社会中，职业道德在事业中所起的作用越来越大。因为随着社会的进步，正常生活水平的提高往往是从所享受的产品和服务的质量中体现的，而产品和服务质量取决于生产质量和服务水平，生产质量和服务水平则取决于职业技能和职业道德素质。每个人的工作都与他人的生活、整个社会的发展息息相关，如果每个人都有对他人的责任感和对社会的使命感，社会上就不会有那么多的假冒伪劣产品，就不会有那么多损人利己、危害他人的事件发生。

在日益激烈的市场竞争中，产品的质量和服务的水平是企事业单位得以生存的重要因素。越来越多的企事业单位开始注意自身的社会形象，注重提高单位职工的道德品质。

卡耐基曾经说过："一个人事业上的成功，只有15%是由于他的专业技术，另外的85%靠人际关系、处世技能。"这里的处世技能主要是指与人沟通和交往的能力，以及宽容心、进取心、责任心和意志力等品质。

★链　接

松下公司的人才标准

世界上著名的松下公司有无数神奇的经验，但其中最为成功的是，松下幸之助有一套育人、选人、用人的有效方法和标准。正是他在这方面的成功，使松下公司有今天这样辉煌的成就。

现在来看看松下公司的人才标准。

①不忘初衷、虚心好学的人。所谓初衷，就是松下公司的经营理念，即创造出优质的产品以满足社会、造福社会。

②不墨守成规而经常创新的人。

③爱护公司、和公司成为一体的人。

④不自私而能为团体着想的人。

⑤做出正确价值判断的人。

⑥有自主经营能力的人。

⑦随时随地都是一个热忱的人。

⑧能够得体地支持上司的人。

⑨有责任意识的人。

⑩有气概担当公司经营重任的人。

点评：

一个成功的企业需要员工具备这些职业道德，同样，一个人要想在任何领域取得一定的成就，也需要具备这些品质。没有任何一个企业愿意聘用懒惰、粗鲁无礼、纪律观念淡薄、心胸狭窄、奸猾狡诈、夸夸其谈、不务正业、毫无责任心和敬业精神的职员，并委以他重任。在日常生活中，也没有人愿意与这样的人进行更多的交往。这种既无人缘又无职业道德品质的人要想成就一番事业，无异于痴人说梦。因此，一个人如果想要有所成就、有所作为，首先得从学习如何做人、如何做事开始，脚踏实地，一步一个脚印地去努力。

3. 职业道德与职业品格

（1）职业品格对人们的影响。职业道德在一个人的职业生活中，具体化并表现为职业品格。职业品格包括职业理想、进取心、责任感、意志力、创新精神等。在每个成功的人身上，这些品质都得到了充分的体现。

这些品质是支撑个人理想的精神支柱。这些品质的发挥程度与精神生活的充实程度、职业的成功程度是紧密相连的，很难想象一个既没有职业理想，也没有进取心、责任感、意志力等品质的人能够在事业上有所成就。这些品质不只是对一个人的职业有重要作用，对他的生活、学习、家庭同样具有重要作用。

坚定不移的意志品质和不可阻挡的精神力量，在一个普通人的生活中也会发挥巨大的力量。

（2）文明礼貌是从业人员的基本素质。文明礼貌是职业道德的重要规范，尤其是在服务业中，更强调文明礼貌的重要性，它是从业人员的基本素质，表现在以下几个方面。

①文明礼貌是服务公约和职工守则的内容之一。我国通过普及理想教育、道德教育、文化教育、纪律和法制教育，通过在城乡不同范围的群众中制定和执行各种守则、公约，加强社会主义精神文明建设。在一般情况下，不同的行业或部门也会制定公约或守则。这种公约或守则具有广泛的群众性、自治性、很强的针对性和一定的法制性，是企业全体职工共同遵守的道德规范和行为准则。

②文明礼貌是从业的基本条件。在我国，职工初次上岗要经过职业培训，进行思想政治教育、业务技术教育、职业纪律教育和职业道德教育。在职业纪律和职业道德中都包括文明礼貌的要求，不符合条件不能上岗。

日本的商店录用店员则规定了以下标准：具有亲近感与好奇心、积极性；有相当的表现能力，说话明确清楚；仪表整洁，性格爽朗；精神安定，具有耐心。在日本的商店里，营业员见了顾客要鞠躬。在英国的商店里，营业员要微笑服务。这都说明文明礼貌在服务业工作中的重要性。

（3）要养成文明的习惯。这就需要从思想上提高认识，把讲究文明礼貌作为一生一世的事情。文明礼貌是文明发展的基本标志。人的角色是多重的，不仅在工作中要讲文明礼貌，在一切场合都应注重，还要在行动上长期坚持，加强修养，形成习惯。

7.3 职场法则

每个人对职场的感觉都不一样。职场上，总会有各种各样的规则。作为一个即将走向职场的人，我们应早做准备，知道这些规则。只有这样，我们的职场之路才不会走得曲折。

1. 专注

一名优秀的员工应该热爱自己的工作，要干一行爱一行专一行。根据岗位职责做好本职工作的同时，能够刻苦钻研、精益求精。一位热爱工作、积极主动、具有进取心的员工，无论在何种场合，都不会被埋没。

2. 团队合作精神

一个成功团队要有明确的分工和责任，优秀员工应该具有良好的团队协作精神，能与其他员工团结、合作、互助，努力实现企业的奋斗目标。企业的成功依赖更多的是集体的力量。尽管每个人从事的岗位不同，每个部门的职责不同，但都在为实现企业的目标奋斗，团结一致。所以做一名优秀员工，应该明白合作精神对实现企业目标的重要性。

3. 树立强烈的主人翁意识

员工要有强烈的事业心和高度责任心，在工作中争做主人翁，要考虑企业的利益，关注企业发展，心系企业建设，积极主动地为企业发展和生产管理出谋划策，从一点一滴的小事做起，以主人翁的精神为公司作贡献。

4. 勤奋好学，具有开拓精神

学习对员工来说是十分重要的。从不懂到懂，从懂到精，就是一个不断学习、实践的过程。在工作中做任何事情别为自己的懒惰和失误找借口，发挥自己的优势，施展自己的才能。

5. 端正心态

员工应端正心态，诚诚恳恳做人，踏踏实实做事，提高自身业务水平，进一步增强社会适应性，工作上增强主动性。要分清集体与个人的关系，个人利益服从集体利益。要有较强的适应性，要有忠诚、敬业、主动的员工精神，要有良好的工作心态，少一分抱怨，多一分努力。

6. 和谐的同事关系

同事关系是指同一组织中平级工作人员之间因工作而产生的关系，通常具有稳定性。同事应当一视同仁，彼此尊重，互相帮助。

（1）一视同仁。同事间切忌意气用事，不要与少数人过分亲密而形成一个小圈子，疏远其他同事，造成不必要的隔阂。同事间应一视同仁，提倡"淡如水"的"君子之交"，以便长期保持和谐的同事关系。

（2）彼此尊重。长年累月在一个单位共事，彼此熟悉，在这种情况下，同事间更应彼此尊重，以诚相待。不可揭别人的隐私，更不要搬弄是非。

（3）互相帮助。同事在工作中既有分工又有合作。同事之间要互相支持、互相帮助，同心协力把工作做好。遇到困难时，彼此鼎力相助；有需要时，彼此互相支持、携手并肩，共同走向成功。

7. 讲究方式

企业管理者有时会对一些问题考虑不周，工作难免会有不当之处。作为下属，不应借机显示自己高明，当众指出上级的错误，而应独自找领导交换意见，坦陈自己的看法，供领导参考。

7.4　理性认识职场潜规则

1. 潜规则的定义

所谓潜规则，指的是明文规定的背后隐藏的不明说的规矩，可以称之为内部章程，支配企业运行的经常是这套规矩。在以往的观念里，潜规则主要是指行业内存在的陋习，是一种看不见、摸不着，行之有效、但摆不上桌面的行为方式。

在西方管理理念中，企业规则属于组织行为学的范畴。管理大师赖特指出，规则是组织中的被两个或两个以上的人共同认同的态度、观念、感受、行为，并以此来指引他们的日常工作。规则可以是正式的，也可以是非正式的。相对于公司的愿景使命、发展策略、企业文化、规章制度等显规则，潜规则便属于非正式的规则。它的形成原因有：企业中重复多次、很难改变的行为方式；企业过去情况的自然延续；企业中发生的重要事件所导致；由企业高层领导予以非正式设定。

2. 潜规则的分类

潜规则可以分为两种类型，一种是适应外部的，就是企业在生存和成长过程中为适应环境而存在的规则；另外一种是用于处理内部事务的，很多企业以企业目标来限制个人目标，个人目标不会消失，导致潜规则便开始盛行起来。

7.5 职场礼仪

7.5.1 基本礼仪行为规范

1. 握手礼仪

握手是人与人的身体接触，能够给人留下深刻的印象。不仅是与熟人、朋友，连与陌生人、对手，都可能握手。握手常常伴随寒暄、致意，如欢迎、多谢、保重、再见等。握手礼含义很多，视具体情况而定，分别表示友好、祝贺、感谢、鼓励、支持、相识、相见、告别、慰问等不同意义。强有力的握手、眼睛直视对方，将会搭起积极交流的平台。

与人握手一定要神情专注，面含微笑，握手力度要适中。握手时间为 3~5 秒，特别亲密的朋友时间稍长。与人握手时不要戴手套，否则视为不尊重别人。

2. 电梯礼仪

伴随客人或长辈来到电梯厅门前时，先按电梯按钮；电梯到达门打开时，可一手按开门按钮，另一手按住电梯侧门，请客人先进；进入电梯后，按下客人要去的楼层按钮；行进中有其他人员进入，可主动询问要去几楼，帮忙按按钮。电梯内尽可能侧身面对客人，不用寒暄；到达目的楼层，一手按住开门按钮，另一手做出"请出"的动作，可同时说："到了，您先请！"客人走出电梯后，自己立刻步出电梯，并热诚地引导行进的方向。

上下班时，电梯里人多，先上来的人要主动往里走，为后面上来的人腾出地方，后上来的人要视电梯内人的多少而行，当超载铃声响起，最后上来的人应主动出电梯等后一趟。

3. 电话礼仪

电话已成为人们联系工作、交流信息、联络感情的重要通信工具。公关工作离不开电话，打电话看起来很简单，但如果不熟悉或不讲究使用电话的礼仪，可能会导致通话双方都不愉快。

打电话，应选择适当的通话时间。除非事情紧急，打电话时间不宜过早（早上 7 点钟以前）和太晚（晚上 10 点钟以后），以免打扰别人休息。打国际长途电话时，则要注意时差。

通话要讲究礼貌。电话接通后应先向对方问好，然后自报单位和姓名。通话内容应简明扼要，不要东扯西拉。除了特殊情况外，通话时间切忌过长。交谈完毕道谢或道别后，把话筒轻轻放好。如果对方是长辈、上级，应让对方先放话筒。

听电话时应聚精会神，不要在接听电话的同时，与身边熟人打招呼或小声谈论别的事情。接到电话时若正在用餐，最好暂停用餐，以免自己咀嚼吞咽的声音通过电话传给对方，让对方觉得被轻视。

4. 着装

女士衣着宜美观、合身，尽量不穿薄、露、透的衣服。职业女性的着装仪表必须符合本人的个性、体态特征、职位、企业文化、办公环境等。

女士上班前可酌情化淡妆，但不要浓妆艳抹。可以佩戴简单首饰，不宜佩戴过多或叮当作响的首饰。女性的穿着打扮应该灵活有弹性，要学会怎样搭配衣服、鞋子、发型、首饰。

化妆可以让女性更具魅力。每天的打扮必须要迎合你当天要会见的人，符合他们的身份和专业度，职业女性希望表现的是她们的聪明才智、能力和经验等。

男士上班前应修好边幅，显得精神抖擞。男士着装要整洁、大方，给人以干净、利落的印象。

在交际活动中，穿出整体性、个性、和谐感是男士着装的基本原则。合乎场合的穿着，是社交礼仪的重要体现。

男士着装最重要的一点是整洁，整洁的衣着可表现出积极向上的精神状态。衣着整洁，除了体现对与对方交往的重视程度，还显示出自身的修养水平。

男士身上的色系不应超过三种，很接近的色彩视为同一种，三色原则是在经典商务礼仪规范中被反复强调的。男士正装必须是有领的；无领的服装，如 T 恤、运动衫之类的不是正装。

5. 餐桌礼仪

招待客人进餐时，必须判定上位、下位的正确位置。窗边的席位、里面的席位、能远望美景的席位为上位。

安排座位时，请客人先入座；和上司同席时，请上司在身旁的席位坐下。你应站在椅子的左侧，右手拉开椅子，而且不发出声响。

预订场地时，应交代店方留好的位置，不要在厕所旁或角落里。

中餐一般使用圆桌，中间有圆形转盘放置料理，进餐时将喜欢的菜夹到面前的小碟子享用。餐桌礼仪要留意以下要点。

（1）主客优先。主客还未动筷之前，不可以先吃；每道菜都等主客先夹菜，其他人才依次动手。

（2）有人夹菜时，不可以转动桌上的转盘；有人转动转盘时，要留意有无刮到桌上的餐具或菜肴。不可一人独占喜好的食物。

7.5.2 交谈礼仪

1. 交谈时的面部表情和动作

不能斜视和俯视。要学会微笑，微笑很重要。保持微笑，可以在大家的心中留下好的印象，也可以增加自信。

另外，要尽量避免不必要的身体语言。当与别人谈话时不要双手交叉，身体晃动，一会倾向左边，一会倾向右边，或不时摸头发、耳朵、鼻子，给人以不耐烦的印象。

2. 谈话的技巧

当谈话者超过三人时，应不时同其他所有人都谈上几句话。谈话最重要的一点是要适宜，当选择的话题过于专业，或不被众人感兴趣时应立即停止；当有人出面反驳自己时，不要恼羞成怒，而应心平气和地与之讨论。

要善于聆听。谈话中不可能是自己说，只有善于聆听，才能真正做到有效的双向交流。听别人谈话就要让别人把话讲完，不要在别人讲得正起劲的时候去打断。假如打算对别人的谈话加以补充或发表意见，也要等到最后。在聆听中积极反馈是必要的，适时地点头、微笑或简单重复对方谈话的要点，是令双方都感到愉快的事情。适当地赞美也是需要的。

要掌握告辞的最佳时机。一般性拜访，时间不宜太长，也不宜太匆忙，一般以半小时到一小时为宜；若是事务、公务性拜访，则可视需要决定时间的长短。客人提出告辞的时间，最好是在与主人的一个交谈高潮之后。告辞时应对主人及其家人的款待表示感谢。如果主人家有长辈，应向长辈告辞。

3. 座位

根据礼仪，最舒服的位子总是留给最重要的人。如果桌子位于角落里，客人的座位应当背墙，以便他能看到整个大厅或者看到最好的景色。

4. 介绍礼节

介绍是社交中常见而重要的一环。介绍的规则虽不必严格遵守，但了解这方面的礼节就等于掌握了一把通往社交之门的钥匙。特别是对企业家来说，经常需要与客户打交道，了解这些礼节有助于更好地进行社交活动。

（1）为他人做介绍。在社交场合为他人做介绍，通常是介绍互不相识的人，或者把一个人引见给其他人。介绍人要注意以下礼仪。

①掌握介绍的顺序。在社交场合，介绍两个人相互认识的时候，要遵循受到特别尊重的一方有了解对方的优先权的原则，即先把职位低者介绍给职位高者，先把年轻者介绍给年长者，先把客人介绍给主人，先把男士介绍给女士。

在介绍过程中，先称呼职位高者、年长者、主人、女士。例如，先把职位低者介绍给职位高者时，可以这样说："李总，这是杨秘书。"然后介绍说："杨秘书，这位是李强总经理。"

当被介绍人是同性别且年龄相仿，一时难以辨别其身份、地位时，可以先把较熟的一方介绍给较为生疏的一方。

②讲究介绍的礼仪。在社交活动中，为他人做介绍时，态度要热情友好，不要厚此薄彼。不可以详细介绍一方，粗略介绍另一方。介绍前，应先向双方打招呼，使其有思想准备。介绍时，语言应清晰、准确。此外，手势动作应文雅，无论介绍男士还是女士，都应手心朝上，四指并拢，拇指张开，朝向被介绍的一方，切忌用手指指来指去。

在介绍时，最好是姓名并提，还可附加简短的说明，比如职称、职务、学位、爱好和特长等。这种介绍方式等于给双方提示了开始交谈的话题。如果介绍人能找出双方的共同点就更好。如甲和乙的弟弟是同学，甲和乙是相差多少届的校友等，这样会使初识的人交谈更加顺利。

③在介绍时如何应对。当介绍人做了介绍以后，被介绍的双方就应互相问候。在问候之后重复一遍对方的姓名或称谓，不失为一种亲切而礼貌的反应，对于长者或有名望的人，重复对其带有敬意的称谓无疑会使对方感到愉快。

如果由你负责组织一个聚会，届时你就应站在门口欢迎来客。如果是正式一点的私人聚会，女主人则应站在门口，男主人站在她旁边，两人均须与每一位来客握手问候。

一般来讲，男士应等女士入座后再就座。如果有女士走过来和某男士交谈，该男士应站起来说话。但如果是在某种公共场所，如剧院、餐馆等，则不必过于讲究这种礼节，以免影响别人。

（2）自我介绍。在社交活动中，有时也需要做自我介绍。自我介绍应注意以下问题。

① 注意介绍内容的繁简。在一般社交场合，自我介绍应主要介绍自己的姓名、工作单位、身份。如果与新结识的朋友谈得很投机，双方都愿意多了解对方，介绍的内容还可适当增加，例如籍贯、母校、经历等。自我介绍应当实事求是，态度真诚，既不夸夸其谈，也不自我贬低、过分谦虚。恰如其分地介绍自己，才会给人留下诚恳、可以信任的印象。

②讲究自我介绍的艺术。

自我介绍要寻找适当的机会。当对方正与人交谈时，不宜走上前去进行自我介绍，以免打断别人的谈话。

自我介绍要看场合。如会见一个人时，互致问候后便可进行自我介绍。如有多人在场时，自我介绍前最好加一句引言，例如"我们认识一下好吗？我是……"。自我介绍时，不要把目光集中在一个人身上，最好环视大家。

此外，在进行自我介绍前，也可引导对方先自我介绍，诸如"请问您贵姓？""您是……"等，待对方回答后再介绍自己。两人相互认识后如果希望进一步交往，还可以交换名片，以便今后联系。

7.6　创新促创业作品实例

7.6.1　创新促创业作品实例1：一种自带晒被子杀菌功能的床

1. 所属技术领域

本实用新型属于家具用品技术领域，特别涉及一种自带晒被子杀菌功能的床。

2. 背景技术

众所周知，一到冬季，家里的棉被就很难再晒到太阳，特别是在北方，冬季经常达到零下十几摄氏度，被套里如果有残留的水分就会结冰。而在我国南方，一到夏季就特别湿润，长时间的潮湿天气导致被套濡湿，湿气重，容易使被子发霉。

3. 发明内容

目前，市面上已经有了紫外线杀菌灯，但是人体直接暴露在紫外线之下会受到很大的伤害，而本实用新型可以很好地解决以上问题。首先，有了这种自带晒被子杀菌功能的床，人们不再需要到楼顶晒被子，直接在家里就可以，从而避免了下雨来不及收和风沙污染的问题，即使是在寒冷的冬季或者潮湿的天气也不用担心被子不暖和或发霉了。这种紫外线电池板可以设定时间，不用担心被子晒得过久导致纤维老化的问题。和市面上的紫外线杀菌灯不一样的是，本实用新型装置在床体外，环绕了铝箔纸纸卷，铝箔纸卷可以很好地反射紫外线，一方面可以使紫外线更好地在内部进行杀菌消毒，另一方面可以防止紫外线外泄而对人体造成伤害。铝箔纸纸卷外部为黑色，黑色也可以很好地吸收紫外线，这样的双重保护能够大大减少紫外线对人体的伤害，又能起到很好的杀菌消毒作用。

本实用新型主要由床体 1、热光电池板支撑杆 6、折叠式紫外线杀菌热光电池板（紫外线电池板）2、铝箔纸卷 9 以及紫外线电池板运行按钮 16 组成，如图 7-1 所示。紫外线电池板 2 安装在床体 1 的床头板里面，使用时，先把被子平铺在床上，按下紫外线电池板展开折叠的按钮 14，紫外线电池板 2 就能像太阳能电池板一样伸展开，待电池板铺展开后，拉出床体 1 内的热光电池板支撑杆 6 支撑好。一切固定好之后，在床头板一侧放有一卷与电池板同高的铝箔纸卷 9，拉开铝箔纸绕床体一圈以防止紫外线外泄，铝箔纸卷 9 上端有吸铁磁可固定在电池板上，最后按上紫外线电池板运行按钮 16，在紫外线和高温的作用下即可晒被子和杀菌了。

本实用新型依靠紫外线杀菌，同时高温也可以起到了杀菌的作用，但更重要的是使棉絮更蓬松暖和。

本实用新的有益效果是：构思新颖，实用性强，能通过紫外线电池板有效地解决冬季被子不暖和和湿热季节被子潮湿的问题，造福千家万户，为构建和谐社会作出贡献。

4. 附图说明

下面结合附图对本发明做进一步说明。

图 7-1（a）是本实用新型的整体三维示意图。

图 7-1（b）是本实用新型紫外线电池板展开过程中的三维示意图。

图 7-1（c）是本实用新型使用时的三维示意图。

图 7-1（d）是本实用新型打开的铝箔纸卷存放柜。

图 7-1（e）是本实用新型的平面开关面板。

图 7-1（f）是本实用新型紫外线电池板展开过程中的左视图。

5. 具体实施方式

图 7-1（a）所示的紫外线电池板 2 与床体 1 一头相连，铝箔纸卷存放柜 5 是

在床体1的床头板处设计的一个与床头板同高的柜子。使用的时候，先轻按紫外线电池板展开及折叠的按钮14，这时电池板会缓慢展开，如图7-1（b）所示。为了更好地固定电池板，轻按右侧隐藏电池板支撑杆按钮3和左侧隐藏电池板支撑杆按钮4，两个热光电池板支撑杆6便可缓缓从床体中伸出。如图7-1（c）所示，热光电池板支撑杆6与紫外线电池板2相接，在电池板下面开有与热光电池板支撑杆形状相适应的凹槽，支撑杆可以很好地与紫外线电池板2接合，一方面起固定紫外线电池板2的作用，另一方面为外部的铝箔纸卷9做形状支撑。而紫外线电池板侧面的吸铁磁10和紫外线电池板正前方的吸铁磁11是用来固定铝箔纸卷9的。一切固定好之后，将铝箔纸卷9从使用中的铝箔纸卷存放柜7中拉出，绕床体1一圈，上端与紫外线电池板2用紫外线电池板侧面的吸铁磁10和紫外线电池板正前方的吸铁磁11固定，以减少紫外线外泄对人体造成的伤害。而且铝箔纸卷9对紫外线有反射的作用，可以更好地起到消毒杀菌的作用。等一切固定好之后，打开紫外线电池板平面开关面板12上的时间调节按钮15，设定合适的时间，在平面开关面板显示屏幕13上可以清楚地看到设定的开始时间以及结束时间。一切设定好之后，按下紫外线电池板运行按钮16，即可开始在家里晒被子。

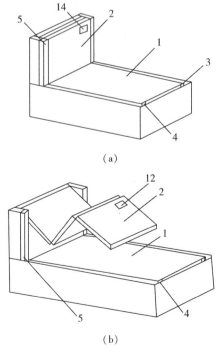

（a）

（b）

图7-1　一种自带晒被子杀菌功能的床

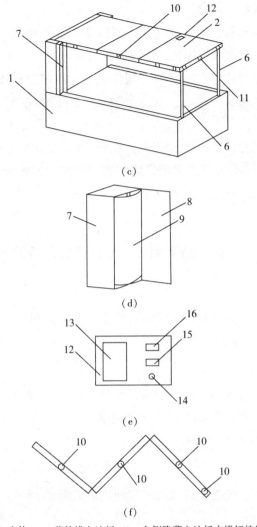

1—床体；2—紫外线电池板；3—右侧隐藏电池板支撑杆按钮；

4—左侧隐藏电池板支撑杆按钮；5—铝箔纸卷存放柜；6—热光电池板支撑杆；

7—使用中的铝箔纸卷存放柜；8—铝箔纸卷存放柜柜门；9—铝箔纸卷；

10—紫外线电池板侧面的吸铁磁；11—紫外线电池板正前方的吸铁磁；

12—紫外线电池板平面开关面板；13—平面开关面板显示屏幕；

14—紫外线电池板展开及折叠的按钮；15—时间调节按钮；16—紫外线电池板运行按钮。

图 7-1　一种自带晒被子杀菌功能的床（续）

（a）整体三维示意图；（b）紫外线电池板展开过程中的三维示意图；（c）使用时的三维示意图；

（d）打开的铝箔纸卷存放柜；（e）平面开关面板；（f）紫外线电池板展开过程中的左视图

6. 技术创业看技术

本实用新型针对目前冬春季节棉被易回潮不保暖的实际，另辟蹊径，通过室内紫外线杀菌的方式解决问题。

从专利查新结果来看，尚未发现有类似技术通过专利保护，这就意味着本实用新型具有较强的新颖性和实用性，适用创新创业。

本实用新型的专利技术有一定的市场优势，能通过专利技术来引导消费。不用晒被子特别适合"懒汉"生活，也符合90后、00后的心理，因此，该技术有一定的市场，受众面广。

从创业的角度来看，该项目比较适合女大学生，也比较适合中小企业、微创、个体创业者创业。但在使用该技术时还需注意一些问题，如紫外线杀菌效果虽好，但对眼睛的伤害很大，特别容易对家中的老人、孩子、宠物造成伤害，使用时应特别注意。

7.6.2　创新促创业作品实例2：一种可以自带解酒药的酒瓶盖装置

1. 所属技术领域

本实用新型属于酒水包装技术领域，特别涉及一种可以自带解酒药的酒瓶盖装置。

2. 背景技术

适量饮酒不仅可以表达自己的心情，而且有益身体健康，但人们往往忽视了自己的酒量而过量饮酒，导致醉酒后耽误正事甚至办了坏事。鉴于此，有必要提供一个更好的装置来解决此问题。

3. 发明内容

为克服现有不足，通过在酒瓶盖的空间内放置解酒药的方式，来达到及时解酒的目的。

4. 技术方案

在普通酒瓶盖（只有一处螺纹，用于将酒瓶盖从瓶口拧下）顶端添加一个带螺纹的夹层，该夹层用于存放解酒药，螺纹用于拧开夹层取出解酒药。这样本酒瓶盖装置就有了两处螺纹结构。

在饮酒时，像拧开普通酒瓶盖一样，将本酒瓶盖装置从瓶口处拧下正常倒酒；在饮酒后，若想尽快解酒，可拧开本酒瓶盖装置的夹层取出解酒药服用。如果醉酒者已神志不清，可由周围的人协助取出解酒药服用。

为了便于和取下本酒瓶盖装置的螺纹进行区分，可将夹层处的螺纹设计成反向拧动才能打开的结构，即打开酒瓶盖装置的螺纹为逆时针转动，打开夹层的螺纹为顺时针转动。这样既能区分两处螺纹，又能防止拧错螺纹带来麻烦。

本实用新型取得的有益效果是：能够及时给醉酒者解酒，解决了因酒误事的情况。

5. 附图说明

下面结合图 7-2 对本实用新型做进一步说明。

图 7-2 是本实用新型主视图的剖面结构示意图。

6. 具体实施方式

想要饮酒时，逆时针拧动酒瓶盖 5，本酒瓶盖装置可从瓶口螺纹 7 处拧下，由酒瓶口 6 倒出瓶内酒水，若瓶内酒水未饮用完，仍可将酒瓶盖 5 反向拧回酒瓶口 6；当想要解酒时，顺时针拧动夹层盖 1，本酒瓶盖装置可从夹层螺纹 3 处拧下，由夹层口 2 取出解酒药 4 服用，若取出解酒药 4 后未服用，仍可将其放回夹层内，再将夹层盖 1 反向拧回夹层口 2。

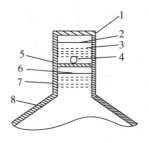

1—夹层盖；2—夹层口；3—夹层螺纹；4—解酒药；

5—酒瓶盖；6—酒瓶口；7—瓶口螺纹；8—瓶身。

图 7-2　一种可以自带解酒药的酒瓶盖装置主视图的部面结构示意图

7. 技术创业看技术

经查证了解，市场上目前还没有相同或相近技术在使用或推广，该技术具有较强的先进性和实用性。

现在解酒药的市场将越来越大，酒类生产企业采用本实用新型的可能性也将越来越大。这一方面促进了企业技术升级改造；另一方面为制药企业带来了极大的市场。

本实用新型生产较为容易，成本也不高，如果选择推广使用（抢救醉酒者），能促使防酒驾的新规更好地贯彻执行。

该项目比较适合大学生创业，也比较适合中小企业、微创、个体创业者创业。

思考题 \\\\\

1. 你认同"君子爱财取之有道"的规则吗？
2. 企业文化来自员工的行为，你认为企业诚信与员工有关系吗？

参考文献

[1] 陈晓暾，陈李彬，田敏. 创新创业教育入门与实战 [M]. 北京：清华大学出版社，2017.

[2] 何建湘. 创业者实战手册 [M]. 北京：中国人民大学出版社，2015.

[3] 濮良贵，纪名刚. 机械设计 [M]. 北京：高等教育出版社，2006.

[4] 刘佳宇，谭湘强，李芳. 鱼形微机器人推进的力学分析 [J]. 华东理工大学学报，2004（3）.